本书获广东省“211工程”三期重点学科建设项目“应急管理理论与实务”基金资助

应急管理理论与实务丛书

非常规突发事件的应急恢复研究

龚晶 著

暨南大學出版社
JINAN UNIVERSITY PRESS
中国·广州

图书在版编目（CIP）数据

非常规突发事件的应急恢复研究／龚晶著．—广州：暨南大学出版社，2012.11
（应急管理理论与实务丛书）
ISBN 978-7-5668-0227-9

Ⅰ.①非…　Ⅱ.①龚…　Ⅲ.①突发事件—应急对策　Ⅳ.①X4

中国版本图书馆CIP数据核字（2012）第124960号

出版发行：暨南大学出版社

地　址：中国广州暨南大学
电　话：总编室（8620）85221601
　　　　营销部（8620）85225284　85228291　85228292（邮购）
传　真：（8620）85221583（办公室）　85223774（营销部）
邮　编：510630
网　址：http：//www.jnupress.com　http：//press.jnu.edu.cn

排　版：广州广海照排设计中心
印　刷：佛山市浩文彩色印刷有限公司

开　本：787mm×960mm　1/16
印　张：10.5
字　数：207千
版　次：2012年11月第1版
印　次：2012年11月第1次

定　价：25.00元

总 序

我国正处在社会转型与体制转轨、机遇与风险并存的社会高风险期，加上各种自然灾害与人为事故纠结在一起，在社会急速变化的过程中，各类公共危机问题被迅速地集中和放大，蕴涵着不可忽视的各类风险。金融、环境、信息、流行疾病、民族分裂主义、自然灾害等非传统安全因素已成为威胁国家安全的组成部分，这些非传统安全危机深刻地考验着中国政府的执政能力。面对非传统安全危机，加强执政能力建设，趋利避害，化解风险，已成为中国政府长期面临的重要课题。从2006年1月国务院颁布《国家突发公共事件总体应急预案》起，就意味着战略性地应对公共危机已被擢升至国家高度。

“突发公共事件”是指突然发生，造成或者可能造成重大人员伤亡、财产损失、生态环境破坏和严重社会危害，危及公共安全的紧急事件。随着各国社会经济的快速发展，各类突发公共事件的危害日益突显。突发公共事件主要分为自然灾害、事故灾难、公共卫生事件、社会安全事件四类；按照其性质、严重程度、可控性和影响范围等因素分成四级，特别重大的是Ⅰ级，重大的是Ⅱ级，较大的是Ⅲ级，一般的是Ⅳ级。一国政府应对突发公共事件的能力已经成为评价其执政、施政能力的重要绩效标准。

北京大学丁元竹教授曾把中国社会的风险归结为十个方面：就业、“三农”、金融、贫富差距、生态与资源、台湾、全球化、国内治理危机、信心和诚信、艾滋病和公共卫生。

这是当代后发展国家现代化、城市化荆棘之路的共性，也是正在进行追赶型、跨越式发展的中国社会不得不面对与思考的问题。能源安全、环境安全、生态安全、金融安全、网络安全、信息安全、卫生安全、文化安全等涉及社会生活的多个领域，具有隐蔽性、危险性、突发性和非确定性的特点。进入21世纪以来，各种自然灾害、事故灾难、公共卫生事件、社会安全事件等频频发生，往往使国家遭受严重损失。研究社会转型期各类重大的突发公共事件和社会经济风险与自然条件状态下的各种自然灾害及次生灾害所带来的应急管理问题，提高突发公共事件应急管理能力成为政府不可回避且具有刻不容缓意义的现实课题。

中央综治办主任陈冀平曾指出，从目前的社会形势看，新的社会矛盾将不断产生，原有的一些社会矛盾可能随之凸显，并呈现出经济领域的新矛盾与其他领域的矛盾相互影响、相互作用的局面，主要表现为涉及农村土地征用、城镇房屋拆迁、国有企业改革、部分军队退役人员等方面的信访问题仍然十分突出，非法集资、股市房市受损、高校毕业生就业、医疗、养老、环境污染、城市公共服务与管理等诱发群体性事件的因素也正在增多。由经济纠纷引发的暴力讨债、绑架、哄抢等“民转刑”案件可能更加突出，流动人口犯罪、多发性侵权犯罪和非法集资等涉众型经济犯罪可能更加突出，城市社会治安问题向农村蔓延扩散的趋势可能更加突出，尤其是个人极端事件有可能进一步增多，治安问题的敏感性将会进一步增强，一起普通的刑事案件或治安案件有可能转变为社会热点问题，甚至诱发其他矛盾和问题。

近50年来，世界经济发展步伐加快，在石化能源体系支撑下的高碳工业，形成了火电、石化、钢铁、建材、有色金属等工业，并由此衍生出汽车、船舶、航空、机械、电子、化工、建筑等行业。气候变化主要是由人为活动排放的二氧化碳、甲烷、氧化亚氮等温室气体造成的。全球变暖的后果是冰川融化、海平面上升、生态系统退化和自然灾害频发。从企业应急管理和长远视角来看，企业外部市场变幻莫测，内部管理与控制日趋复杂。外部风险包括市场风险、竞争风险；内部风险则包括品牌风险、战略风险、文化风险、团队风险、领导人风险、财税风险、舆论风险、法律风险和技术风险等。

马凯在《求是》杂志中撰文指出：我国正处于工业化、城镇化快速发展时期，各种传统的和非传统的、自然的和社会的风险、矛盾交织并存，公共安全和应急管理工作面临的形势更加严峻。归纳起来，应急管理面临的态势包括四个方面：一是自然灾害处于频发期。我国是世界上自然灾害最为严重的国家之一，灾害往往具有种类多、分布地域广、发生频率高、造成损失重等特点。特别是近年来，极端气候事件频发，中、强地震呈活跃态势，自然灾害及其衍生、次生灾害的突发性和危害性进一步加重、加大。二是安全生产形势严峻。我国经济发展较快，能源、资源、运输供给长期偏紧，再加上安全生产基础薄弱，一些地方和企业责任不落实、监管不到位，生产安全事故发生率居高不下，重、特大事故时有发生。三是公共卫生事件防控难度增大。公共卫生事件的诱因和影响都呈较强的国际性特点，全球新发的三十多种传染病已有半数在我国出现，重、特大疫情和群体性不明原因疾病时有发生。随着人口流动量的加大和流动速度的加快，疾病的防控难度加大，造成的损失更加严重。而在食品、药品生产经营中市场秩序混乱、源头污染严重、监管力量薄弱等问题尚未得到根本解决。四是社会安全面临新的挑战。

我国改革发展进入关键阶段，各种利益关系错综复杂，国家安全面临的形势更加复杂严峻，维护社会稳定的任务更加艰巨。对当前国际金融危机造成的重大影响和可能引发的各类突发公共事件，我们要有充分的准备。2008 年 3 月 14 日，少数不法分子在西藏拉萨制造了打砸抢烧暴力事件，烧死或杀死藏汉群众 18 人，给当地人民群众生命和财产安全造成重大损失。之后，2009 年乌鲁木齐"7·5"打砸抢烧严重暴力犯罪事件又造成 197 人死亡，其中绝大多数是无辜群众。这起打砸抢烧暴力事件的发生，是由以热比娅为首的境外敌对势力和境内极少数人极力炒作广东韶关旭日玩具厂群殴事件，把一个一般的治安案件说成民族事件，从而极力煽动民族仇恨所致的。虎年春节期间，山西省的晋中、太原、吕梁、长治、晋城、阳泉等地区，到处都是地震将发的议论，一场大规模的群众恐慌在山西蔓延。2010 年 2 月 20 日晚至 21 日凌晨，许多山西人离家，躲避在广场、公园等地，夜不归宿，甚至开车逃往外乡。造谣人利用网络传播大地震谣言，而政府机构最初也处于一片迷乱中，直到 21 日早晨，山西省政府及各地区地震部门通过媒体及移动通信转达了政府公告，称群众这次避震行动是为谣言所惑，要广大群众安心。诸如此类的民生事件，实则是 2007 年哈尔滨水污染事件中短信传播哈尔滨要大地震的翻版，对于非常事件与突发事件，应该由民调机构和覆盖面广的大众媒体联合发布官方信息，以正视听。

应急管理是指政府及其他公共机构在突发公共事件的事前预防、事发应对、事中处置和善后管理过程中，通过建立必要的应急机制，采取一系列必要措施，以保障公众生命和财产安全，促进社会和谐、健康发展的有关活动。佐治亚州州立大学著名应急管理学家威廉·L. 沃认为："应急管理就是对风险进行管理，以使社会能够与环境或技术危险要素共存，并应对环境、技术危险要素所导致的灾害。"应急管理是对突发公共事件的全过程管理，根据突发公共事件的预警、发生、缓解和善后四个发展阶段，应急管理可分为预测预警、识别控制、紧急处置和善后管理四个环节。应急管理又是一个动态管理，包括预防、准备、响应和恢复四个阶段，均体现在管理突发公共事件的各个阶段。

应急管理是一个完整的系统工程，可以概括为"一案三制"，即突发公共事件应急预案，应急机制、体制和法制。以政府应急管理为主线，围绕政府应急管理决策层次、技术管理层次、社会动员与响应机制等层次展开研究，达到在紧急状态下各行为主体凝聚人心、从容应对、缓解危机、减少缺失的效果。政府危机管理即政府在公共危机事件发生之前、发展过程之中和后危机时期，为减少和消除危机造成的危害和损失，根据危机管理计划和程序而对危机直接采取的对策及管理措施。政府应急管理是在政府常态型危机管理基础上的紧急状态的管理，各种信息资源、物质资源、人力资源如何高效配置与有效运筹，如何防止灾害的蔓延与次生灾害的扩大等，均是政府应急管理在紧急状态下需要解决的关键问题。我国正处于经济体制和经济增长方式双重转轨的特殊时期，存在着诱发公共危机的潜在的制度及非制度因素。高度重视公共危机管理、建立公共危机的预警机制和政府干预公共危机体系尤为必要。应急管理的基础是常规性政府危机管理，只有基础性工作常抓不懈，才能在紧急状态下临危不乱。

发达国家十分重视突发公共事件应急管理的研究，其研究范围覆盖了灾害或危机产生、发展、消亡的整个过程。日本是较早开展城市应急管理研究的国家，研究的领域和能力不断拓展，研究的水平处于世界前列。美国也在“9·11”事件发生后，组建了部级的美国国土安全部（DHS），标志着美国国家级突发公共事件应急管理体系从“综合应急管理”提升到“国家安全应急管理”的高度。相关国际组织也非常重视突发公共事件应急管理。联合国第二届世界减灾大会发表的《兵库宣言》要求各国将防灾减灾、保障国民生命和财产安全“作为国家的第一责任”，并将“确保减灾成为各国政府部门的工作重心之一”列为《兵库行动框架》（2005—2015 年）提出的五个行动重点之一。世界各国的政府部门、学术团体和专门机构已经开始从事各种针对突发事件的预防、监测、预报、识别、测定、控制、应急预案制定、事发时的快速反应及救灾、灾后的快速评估与重建的研究。

美国的乔治·华盛顿大学、马里兰大学、北达科他州立大学和加拿大的尼加拉瓜学院等国外大学，在一些领域均有较为系统的研究，包括危机与应急管理，流行病及预防医学，危机和应急管理中的信息技术，自然、技术危害以及恐怖袭击之风险管理，大规模恐怖行动的预防和反应，危机管理、灾后重建以及组织持续，减灾管理，健康与医疗应急管理。上述研究系统地对政府层面与技术层面的公共危机与应急管理技术提供了强有力的理论指导。

公共危机与突发事件已成为构建和谐社会和可持续发展的重要隐患，越来越引起社会各界对如何有效应对突发事件、妥善预防和处理危机的高度重视。2006 年 1 月国务院颁布《国家突发公共事件总体应急预案》象征着从战略上应对公共危机已被提升至国家高度。中央进一步明确提出，要建立健全社会预警体系，提高保障公共安全和处置突发事件的能力。2007 年 8 月，全国人大常委会通过了《中华人民共和国突发事件应对法》。汪永清、莫于川、韩大元等学者对该法进行了解释。一些学者则比较研究了国外紧急状态下的法律制度，如徐高、莫纪宏等。目前，我国的研究基本上处于介绍国外经验，对我国应急管理存在的问题及对策等事实进行描述和提出对策措施的以研究为主的阶段，而上升到法理以及制度比较的研究尚欠深入，难以为应急管理的依法行政提供充分的理论支持。另外，对危机处理研究较多，对事后重建和救济研究较少，不利于依法规范政府行政行为，实现缓解公众利益和私人利益的矛盾、维护社会稳定的目的。

关于灾害及突发公共事件应急工程的研究国内外已经积累了大量的研究成果。从第一个应急管理国际组织——国际应急管理工程协会诞生之日起，各类研究成果层出不穷。这些成果几乎囊括了火灾、地震灾害、矿井塌陷、核泄漏事故灾难等具体灾害/危机的各领域。我国从20世纪80年代末开始创建许多研究学报和学术期刊，如《自然灾害学报》、《环境污染与防治》、《环境卫生工程》、《中国环境管理》、《中国减灾》等，针对我国自然灾害以及事故灾难的防灾减灾研究已经较为深入，目前国内较为集中的研究主要体现在城市灾害应急与管理，区域应急管理实务预案、演练及绩效，突发事件应急管理，现代城市公共安全应急管理，领导干部预防和处置突发公共事件实用指南与案例分析，公共危机与管理，国家与政府的危机管理，灾难性事故与事件应急处置，城市安全学，政府应急管理实务，中央和大城市政府应急机制建设，灾害应急处置与综合减灾，地震应急等研究领域。

政府应急管理和企业应急管理均需要建立应急管理综合平台和预案建设，运筹帷幄，才能在非常态情景下保持临危不乱，但是无论国内还是国外，对于突发公共事件的研究普遍侧重于技术和具体方法应用的应急工程研究，并形成了一类特殊管理理论与方法——应急管理，而蕴涵其中的基础科学问题研究还没有得到广泛关注。这样，构成了面向突发公共事件的应急管理和应急工程两个紧密结合、相辅相成的研究层面。其中，应急管理中的科学问题研究是应急工程问题研究的基础，而后者又是在前者指导下的实践。

从2008年暨南大学获教育部批准在全国率先招收应急管理本科生并成立全国首家应急管理学院，到2009年广东省“211工程”三期重点学科建设项目“应急管理理论与实务”正式立项，再到暨南大学应急管理研究中心成立并成为广东省高校重点人文社科研究基地，得到了广东省政府、省政府应急办的大力支持和社会各界的广泛关注，我们深感责任的重大与使命的神圣。应急管理属于新型交叉管理学科，“211工程”三期重点学科建设项目共设置了二十余个选题，从政治、经济、管理、公共卫生、新闻处置、社区与区域合作、应急管理史、应急管理平台等领域进行研究，试图对完善中国应急管理理论作出富有成效的尝试，也期盼对中国应急管理工作有所指导与借鉴。丛书的出版难免存在疏漏，期待读者给予批评指正。

暨南大学应急管理研究中心　暨南大学应急管理学院
广东省“211 工程”三期重点学科建设项目
应急管理理论与实务丛书编辑委员会
2011 年 1 月

目　录

第一章　灾害及风险管理

根据中国2007年11月1日起施行的《中华人民共和国突发事件应对法》的规定，突发事件是指突然发生，造成或者可能造成严重社会危害，需要采取应急处置措施予以应对的自然灾害、事故灾难、公共卫生事件和社会安全事件。按照社会危害程度、影响范围等因素，自然灾害、事故灾难、公共卫生事件分为特别重大、重大、较大和一般四级。本章在对突发事件的讨论中，采用自然灾害与非自然灾害（也称技术灾害）的分类法，即"天灾"和"人祸"两大类，将事故灾难、公共卫生、社会安全这三种主要由人类社会主观因素导致的事件统一归为技术突发灾害事件。本章首先对常见的突发事件进行简单介绍，随后讨论应急管理的基础——突发事件的风险管理，最后一节分析非常规突发事件的定义、特征以及应急管理的核心与发展方向。

第一节　自然灾害

作为生存在自然界中的一员，人类不可避免地要面对自然界的各种灾害。虽然人类一直都在不断尝试控制自然，但是自然灾害仍在不断发生，并且由此造成的社会和经济损失显著上升。导致这一现象的原因有很多，比如厄尔尼诺现象、全球变暖这些气候变化。此外，还有一些人类社会活动的影响，如发展速度加快、森林砍伐、海岸地区的移民增多、漫滩地区的开发，都造成了自然灾害的急剧增长。

我国自然灾害的特点如下：

（1）灾害种类多。我国是世界上自然灾害最严重的国家之一，地震、洪水、台风等灾害均有发生。

（2）分布地域广。我国70%以上的城市、50%以上的人口分布在气象、地震、地质和海洋等自然灾害严重的地区。

（3）发生频率高。我国受季风气候影响强烈，气象灾害频繁，是世界上大陆地震最多的国家，森林和草原火灾时有发生。

（4）灾害损失重。1990—2008年，我国平均每年因各类自然灾害造成约

3 亿人（次）受灾，倒塌房屋约 300 万间，紧急转移安置人口约 900 万人，直接经济损失约 2 000 亿元。

以下分别介绍几种常见自然灾害：

一、洪水

洪水主要由持续降雨造成，融雪、冰塞（或凌情）等也会导致洪水。洪水导致江、河、湖、库水位猛涨，堤坝漫溢或溃决（见图 1 -1）。洪水会损坏建筑物和桥梁，侵蚀海岸线和河堤，淹没田地，冲毁道路，并造成人员伤亡。洪水的形成通常会经过一段时间，很多国家都通过水文测量仪来监测洪水，进行洪水预警。暴洪通常由强烈风暴导致的短期内大规模降雨造成，几分钟内就可达到峰值，几乎无法提前预警。洪灾在很多国家都是最频发的自然灾害。

图 1 -1　1998 年 8 月 7 日 13 时左右，长江九江段 4 号闸和 5 号闸之间决堤 30 米

二、地震

地震是由地表下岩层断裂和移动而产生的突然、快速的地面摇晃。它会导致建筑物和桥梁崩塌，天然气、电力和通讯服务的中断，有时还会引发滑坡、雪崩、山洪暴发、火灾、海啸等次生灾害。例如 1995 年，在日本神户地震（见图 1 -2）中，数千居民死于地震引发的火灾。目前，全球范围内的地震活跃带已

得到确认，有数百万人生活在这些地震带内，随时面临着地震的威胁。地震的发生具有不可预测性，目前的地震监测技术能够追踪地震活动，却不能准确预测地震的发生时间。

图 1－2 1995 年日本神户地震

三、台风（飓风）

一定强度和规模的热带波逐渐转为热带低压，最终形成热带风暴。热带风暴是一种暖核的热带气旋，其表面最大风速在每小时约 63～119 千米之间。热带气旋是发生在热带或副热带洋面上的低压旋涡，其风向在北半球呈逆时针，在南半球则为顺时针。台风是一种稳定风速达每小时约 119 千米以上的热带风暴，旋绕着一个相对平静的中心区域（一般称为“风眼”）。风眼一般有约 32～48 千米宽，风暴外围能到达约 644 千米。一般台风登陆时会带来强烈的降水、狂风、巨浪和潮灾，给生命财产安全带来极大威胁（见图 1－3）。近年来，台风追踪技术和模型有了较大发展。气象研究人员利用飞行器观测并收集台风的气象数据及运动轨迹，通过预测模型对数据进行处理后，可预测台风的发展，并用于台风预警。

图 1－3　2005 年 8 月 30 日，在美国南部路易斯安那州的新奥尔良市区被卡特里娜飓风带来的洪水淹没

四、风暴潮

在风暴或其他力量的作用下，大量的水被推向海岸，形成了风暴潮。风暴潮

图 1－4　2002 年浙江沿岸受“森拉克”风暴潮袭击

（见图 1－4）是发生飓风时最为常见的现象。潮水在外力的推动下会使海平面超过正常水平几十英尺，同时暴风吹动的波浪也会加重风暴潮的强度。风暴潮能造成沿海地区的严重洪灾和侵蚀，是台风、龙卷风和其他沿海风暴导致人员伤亡及建筑物损毁的直接原因。

五、龙卷风

龙卷风是由积雨云延展至地面的空气而形成的快速旋转的漏斗形涡流，风速最高能达到每小时约 483 千米，破坏力惊人。其经过的地方，常会发生拔起大树、掀翻车辆、摧毁建筑物等现象（见图 1－5），把水吸离水面形成水柱，甚至把人卷走。建筑物崩塌和碎片横飞是龙卷风造成伤亡的主要原因，所以提前预警是关键。龙卷风发生时间短、空间尺度小、移动速度快，生成和发展具有很大的随机性，因此定时、定点的龙卷风预报较难实现。通常，如果多普勒雷达发现龙卷风的“初级胚胎”或已经开始生成，气象工作人员就会加强监视和跟踪，根据各种资料分析这个龙卷风可能会向哪个方位移动，然后向那些位于龙卷风移动路径上的地区发布警报。

图 1－5　2011 年 5 月 22 日晚间美国密苏里州乔普林市受龙卷风袭击

六、野火

野外火灾多由干旱、高温、大风或雷击等特殊气象条件所引起（见图 1-6）。野外火灾分为三类：①地面火，这是最普遍的类型，沿着森林地被物燃烧，缓慢移动并烧毁树木；②地下火，通常由闪电引起，在森林地被物下燃烧；③树冠火，在风势作用下迅速沿树顶蔓延。野外火灾通常在发生地方圆几英里区产生浓烟。假如火灾过后迎来一场大雨，可能会导致其他自然灾难的发生，例如山体滑坡、泥石流、洪水。地表覆盖植被一旦被烧光，就很难抓住斜坡和山腰的泥土。一场重大的野外火灾能造成大面积烧焦的、光秃的土地，可能需要数十年才能恢复。一旦地表植被被破坏，土地侵蚀便成为严重的潜在问题。

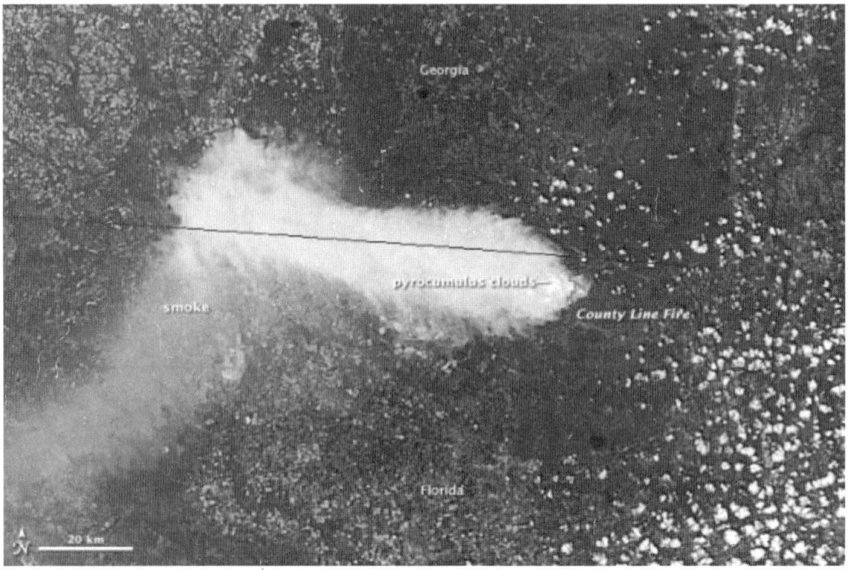

图 1-6 2012 年 4 月 7 日美国奥西奥拉国家森林大火

七、山体滑坡

大量岩石、泥沙或碎石，在重力（包括岩土本身重力及地下水的动静压力）作用下，沿一定的滑动面整体下滑就形成了山体滑坡。引发山体滑坡的因素包括风暴潮、火灾、暴雨、地震、火山爆发以及人类对土地的改造及其他活动。滑坡会造成坡上和坡下的农田、建筑物的破坏以及人员伤亡（见图 1-7）。

图 1－7 2012 年 4 月 27 日福建古田山体滑坡

八、泥石流

泥石流是一种突然爆发的、破坏性极大的特殊洪流（见图 1－8）。一次泥石流经历的时间不长，但来势凶猛，破坏力极大。泥石流的形成，其自然因素与地

图 1－8 2010 年 8 月 19 日甘肃舟曲特大泥石流后月圆村废墟

质构造和降雨有密切的关系。在地势陡峭、泥沙和石块等堆积物较多的沟谷，每遇暴雨或长时间的连续降雨，就容易形成泥石流。从人为因素来看，主要由于不合理的开发，如乱砍滥伐林木，山坡失去植被保护；修建公路、铁路、水渠等工程时破坏了山坡表层；不合理的采石、开矿破坏了地层结构等，都会导致人为泥石流的发生。

九、火山爆发

火山是一座开口向下的在地表下存储熔岩的山，由其喷发物——熔岩、火山灰流和高空中的灰尘——堆积而成。当压力大到一定程度时，气体和熔岩就会从地下喷发出来。火山喷发物可以用作建筑或铺路材料，能制作研磨剂和清洁媒介，同时也是很多化工业的原材料。熔岩灰富含矿物质，能使土壤变得肥沃。火山灰能影响数百千米外的人们。1980 年圣海伦火山爆发（见图 1 -9）中的几起人员死亡就是因为吸入了火山灰。火山灰会污染水源、产生磁暴、压垮屋顶。火

图 1 -9 1980 年圣海伦火山爆发

山爆发也会引发海啸、山洪、地震、岩石坠落和泥石流。侧面方向的火山爆发，通常称为“侧喷”，能以非常高的速度将大块岩石射出很远的距离。这种爆发会因撞击、掩埋或炽热造成人员伤亡，也能摧毁整片森林。圣海伦火山造成的多起死亡就是这种侧面爆发的结果。

十、海啸

海啸是海底扰动（如地震）造成的海面巨浪。火山爆发和山体滑坡也能引发海啸。就像将石头扔进池塘里一样，波浪以扰动区域为中心向四周推进，波浪接近浅滩水域后会变得正常，速度也会减慢，一旦到达海岸，波高会突然增大，冲向岸边，造成毁灭性破坏。低于海平面约 15 米、离海岸线约 1.6 千米的地区面临的海啸威胁最大。海啸波是一系列连续的“峰”（高水平面）和“谷”（低水平面）。这些连续的峰和谷之间相隔 5 ~ 90 分钟，一般为 10 ~ 45 分钟。海啸波在大海上的波速平均可达每小时约 724 千米，波高的最高纪录超过约 30 米。海啸中的死难者多数都是溺水而亡。海啸可能导致洪水、供水污染和石油管道破坏。

十一、雹暴

雹暴是严重雷暴的产物，其形成的直径超过约 1.9 厘米的球状或不规则冰雹块夹带着雨落下来。在晚春或早夏，冰雹出现较为频繁。

十二、雪崩

雪崩是指高速移动的雪或冰块。它能摧毁树木，掩盖整个社区和高速公路，夷平建筑物。自然发生或人为诱发的雪崩常常源于积雪场内的结构弱化。恶劣天气也会增加雪崩发生的可能性。雪崩会严重威胁到偏僻地方的滑雪者、登山者和驾雪车者的生命安全，导致他们被埋在崩雪之中窒息而亡。

十三、地陷

地陷是地表失去支持而导致的下陷，包括宽广的地区性土地下沉，以及某地区崩塌。大多数的地陷是由人类活动造成的，比如地下煤矿的开采，地下水或石油的抽取，以及有机土壤的流失。

第二节　技术灾害

一、火灾

火灾是指失去控制的燃烧造成的灾害，是最经常、最普遍的威胁公众安全和社会发展的主要灾害之一。根据2008年颁布的《火灾分类》这一国家标准，火灾根据可燃物的类型和燃烧特征分为A、B、C、D、E、F六类。其中，A类火灾指固体物质火灾，这种物质通常具有有机物质性质，一般在燃烧时能产生灼热的余烬。如木材、煤、棉、毛、麻、纸张等火灾。B类火灾指液体或可熔化的固体物质火灾。如煤油、柴油、原油、甲醇、乙醇、沥青、石蜡等火灾。C类火灾指气体火灾。如煤气、天然气、甲烷、乙烷、丙烷、氢气等火灾。D类火灾指金属火灾。如钾、钠、镁、铝镁合金等火灾。E类火灾指带电火灾。如物体带电燃烧的火灾。F类火灾指烹饪器具内的烹饪物火灾。如动植物的油脂等火灾。灭火的主要措施包括：控制可燃物、减少氧气、降低温度、化学抑制等。

二、危险品泄漏

危险品是指那些一旦泄漏或者误用会对环境或健康造成威胁的化学物质。这些化学物质用于工业、农业、医药、研究和消费品。危险品包括爆炸物、可燃物、毒药和放射性物质。它们往往会由于运输过程中的意外或工厂的化工意外而发生泄漏。这些危险品会对人造成死亡、严重伤害或影响长期的健康，也可能会损害建筑物、房屋和其他财产。

三、核事故

核事故是指大型核设施（例如核燃料生产厂、核反应堆、核电厂、核动力舰船及后处理厂等）发生的意外事件，可能造成厂内人员受到放射损伤和放射性污染（见图1－10）。严重时，放射性物质泄漏到厂外，污染周围环境，会对公众健康造成危害。核辐射的影响取决于泄漏的总量、风向风速，同时天气情况（如雨雪天气）也会加速放射性物质向地面的扩散，从而增加辐射核素的堆积。如果处理不当或发生意外，泄漏的放射性物质会对身体造成一些有害的辐射影响。人体所受辐射的时间越长，距离越近，危险就越大。虽然辐射不能被感官（视觉、嗅觉）所察觉，但科学家可通过仪器探测到，即便是最低的辐射也能探测到。

图 1－10 1986 年切尔诺贝利核事故 4 号发电机组外的石棺

四、恐怖主义

恐怖主义是指违反法律使用武力或暴力达到胁迫、威压或勒索目的的行为和主张。实施者有组织地使用暴力或以暴力相威胁，通过将一定的对象置于恐怖之中，来达到某种政治目的。国际社会中某些组织或个人采取绑架、暗杀、爆炸、空中劫持、扣押人质等恐怖手段，企图实现其政治目标或某项具体要求（见图 1－11）。

图 1-11　2001 年 9 月 11 日，恐怖主义袭击美国纽约世贸大厦

五、突发公共卫生事件

根据 2006 年颁布的《国家突发公共卫生事件应急预案》，公共卫生事件是指严重影响公众健康和生命安全的事件。其中特别重大突发公共卫生事件主要包括：①肺鼠疫、肺炭疽在大中城市发生并有扩散趋势，或肺鼠疫、肺炭疽疫情波及两个以上的省份，并有进一步扩散趋势；②发生传染性非典型肺炎、人感染高致病性禽流感病例，并有扩散趋势；③涉及多个省份的群体性不明原因疾病，并有扩散趋势；④发生新传染病或我国尚未发现的传染病发生或传入，并有扩散趋势，或发现我国已消灭的传染病重新流行；⑤发生烈性病菌株、毒株、致病因子

等消失事件；⑥周边以及与我国通航的国家和地区发生特大传染病疫情，并出现输入性病例，严重危及我国公共卫生安全的事件；⑦国务院卫生行政部门认定的其他特别重大突发公共卫生事件。

第三节 突发事件的风险管理

一、风险

对于风险，不同的领域有不同的定义。例如，项目管理中的风险可被定义为所有可能对项目完成产生负面影响的事件的总的预期影响，这些事件可能是支持项目的经费无法到位，采用的新技术不稳定导致项目的部分功能无法实现，人员配备无法满足实际项目执行要求等。金融风险则可被定义为任何经济活动可能导致的企业或者机构的预期财务损失，例如，交易对手未能履行约定契约中的义务造成的经济损失，利率水平的变化引起不同金融工具的利率变化从而导致资产和负债的不一致，金融资产的流动性的变动造成的经济损失等。所以，风险可以概括为预期损失。损失可以是项目无法按计划完成而造成的经济损失，也可以是金融资产的缩水和负债的增加，在应急管理领域则通常为人员伤亡和财产损失。值得注意的是，这种损失并不是百分之百确定的，即造成损失的负面事件的发生具有不确定性，所以风险只是一种预期和估计，通常可以用如下等式进行量化：

$$Risk = Prob. \times Loss \quad (1)$$

即风险由事件发生的概率及其造成的影响共同决定。

虽然有概率论、效用函数等理论工具解决不确定环境下的决策问题，但是，在实际决策过程中，对概率进行准确的估计还是存在很多偏差和误区。例如，通常人们会高估渴望事件发生的概率，同时低估不希望发生事件的概率。这是因为对事件的概率判断会受到对事件认同度的影响，即事件结果对决策者来说是积极的还是消极的，会影响决策者对事件发生可能性的判断。

一旦决策者将单个简单事件的概率固定在自己的头脑中，就很难根据大量的简单事件对连续事件的概率判断进行调整。因此，当连续事件是由大量的简单事件构成时，人们往往会高估其发生的频率。同样地，当非连续事件是由许多低概率的独立事件组成时，人们就会低估非连续事件发生的概率。例如，评估系统的可靠性时，假设一个由500个组件构成的导弹防御系统，每个组件的可靠性是

99%，那么这个防御系统的可靠性有多大？大部分人的判断都会高估，事实上，整个系统的可靠性会小于1%。

对风险的判断是高度主观性的，普通人并不能很好地估计各种风险的大小，他们容易从事件可能产生的影响这一角度来考虑，而忽略事件发生的可能性。例如，大部分人都会认为核能有较大风险，主要是依据其造成的灾难后果，而事实上，专家则认为核能的风险并不大，虽然会带来灾难性后果，但其发生概率非常低，所以风险并不高。

二、风险管理

风险管理是确认、分析及应对风险的一门科学和技术。它遵循着“现在付还是未来付”（You can pay me now or pay me later）这样一个逻辑，如果不提前对风险采取相应的措施，那么一旦风险变为事实上的损失，则需要付出更大的代价。所以，风险管理反映的是一种应对风险的积极态度，在损失发生前，进行预防、阻止、监控等行动，降低事件发生的可能性或减少损失，而不是一种在事件发生后的被动补救。从这个意义上来说，“亡羊补牢，为时已晚”。

风险管理也是一个包含风险确认、风险评估、制定策略、风险应对的全过程。

（一）风险确认

确认潜在风险是所有风险管理活动的基础，在这一阶段，要找出所有可能导致损失的事件或因素，所以采取的态度是关键。首先，应该正视问题，而不是逃避问题，找出问题是为了在问题爆发之前有效地解决问题；其次，不能心存侥幸，正如著名的墨菲定律所言，“如果一件事情有可能向坏的方向发展，就一定会向最坏的方向发展”（Anything that can go wrong，will go wrong），任何隐患，哪怕发生的可能性极低，都应该首先进行确认。

头脑风暴法是确认风险中常用的思维方法，通过打破思维的条条框框，鼓励大胆、自由、创新，从而能对问题有一个全面的认识。通常的信息源包括专家意见和历史记录。

（二）风险评估

对于确认的潜在风险，分别从发生概率和造成损失两个方面进行评估。目前有多种风险评估的方法，主要分为定性方法和定量方法两大类。定性的评估方法通常以决策者或者专家的主观判断为主，定量方法则依靠一些数量模型（如统计模型、数学模型）对风险进行量化。前者的缺陷在于缺乏科学依据，后者的有效性取决于数据的质量和数量以及对问题的建模。

概率论等相关理论提供了定量计算不确定事件概率的理论和方法，然而，对于有些特殊事件，概率计算方法则很难有效。例如，一类罕见事件（Rare Events），其发生频率非常低，有些甚至在历史上只发生过一次，如2001年发生在美国的“9·11”恐怖袭击，根据传统的概率计算，其统计学概率为零，于是，按照风险量化模型（1）其风险计算为零。在应急管理领域，此计算结果显然很难被接受。在这种情况下，需要求助于专家的意见，专家根据对该事件的认识和判断，估计其发生概率，作为风险评估的依据。

（三）制定策略

根据风险评估结果，制定相应的应对策略。常用的风险应对策略包括以下几点：

（1）承担风险。如果风险事件发生的可能性非常低，或者产生的后果并不严重，损失可以承受，那么可以考虑不用采取任何措施。要注意的是，这是一种有意识的、积极的接受风险的策略，而不是因为考虑不周导致被动地承担损失。

（2）避免风险。采取措施预防风险事件的发生，或者减少其造成的损失。

（3）转移风险。转变风险的承担方，由其他方来承担风险。以下是常见的例子：个人购买保险。对于投保者来说，通过较小的成本将自身的风险转移到保险公司，从而可以应对较大损失。

（4）分散风险。将风险按一定比例分散到各方，让多方共享风险，避免单独承担风险。如果从保险公司的角度来看，购买保险则是一种风险共享的策略，将单个投保者的风险由公司的所有客户来共同承担。

（四）风险应对

实施相应的应对策略，监控事件的发展，同时关注是否有新的风险出现。

三、应急管理中的风险管理

应急管理中的风险管理通常在社区层面开展，可描述如下：

（1）找出社区的潜在灾害风险并描述其特征。可通过如新闻报道、媒体资料、历史档案、政府文件、有关报告、社区民众、应急管理职能部门等信息渠道，尽可能找出社区的安全隐患，获取比较全面的灾害特征描述，例如，在哪儿发生，影响范围，伴随的风速，降雨量，地面摇晃程度，产生灾害的原因，如何引发其他灾害等。

（2）评估灾害的严重性和发生频率。怎样衡量灾害的严重性？如果存在其严重程度的分类，那么在社区内存在的这些隐患可能导致怎样程度的灾害发生？其发生概率是多大？每年、每十年或每个世纪？什么因素会增加或减少此概率？是否有其他因素，如生态环境恶化、社区人口密度增大、全球变暖等会影响其严重性和发生频率吗？

(3) 估算风险。估算灾害事件的社会影响、经济影响和环境影响，也就是将步骤（2）中的灾害水平转化为风险水平。分析中除了考虑建筑物、关键基础设施系统、必要设施、人口和商业密集地等物理、结构方面的情况，同时还需要考虑社区应对灾害的能力，包括社区的应急文化、人员构成、社区财富分布等。社会影响主要包括人员伤亡，以及对社会文化、制度等方面的负面影响，通常很难用货币价值来衡量。经济影响包括直接影响和间接影响，其中直接经济影响一般包括建筑或设施的损坏、非建筑结构上的破坏、企业的库存损失、农业（作物）损失及其他由灾害事件引发的损失。灾害事件的间接影响则很难计算，数据也难以获得，例如失业率增加、企业生产中断造成的损失，市场需求下降导致的影响等。环境影响主要是灾害对生态环境造成的破坏。

(4) 决定可接受的风险水平。对上述步骤（1）－（3）所收集的信息、数据进行分析后得出风险的可接受水平，即可以容忍何种程度的破坏或影响？因为涉及社会影响以及一些复杂的直接和非直接成本，所以这一步会比较困难。需要考虑公众对风险的理解以及采取或不采取行动所带来的政治影响。

(5) 找出降低风险的方法。这是迈向决策及行动的关键一步。此时应该找出那些可以降低风险的高效行动并予以实施。结合各种建筑方案、技术、法律等相关因素，设计一套降低风险的实施方案。

第四节　非常规突发事件的特征描述

一、非常规突发事件的定义与特征描述

非常规突发事件，从发生的角度来看，其引人注意、很少发生、独一无二；从重要性角度来看，其影响深远、后果严重。分拆开来，“事件”设定了时间和空间上的界限，“突发”指明事件发生的不可预测性，“非常规”则反映了事件的影响力。地区武装冲突、传染性疾病流行、极端天气和地质灾害、技术性突发灾难、计算机网络瘫痪、局部或地区生态系统破坏等属于非常规突发事件的范畴。

非常规突发事件作为一类特殊的突发事件，其特征用“非常规”进行了概

括。然而，对于“非常规”的定义在学术界并没有统一，不同学者对“非常规”作出了各自不同的解释和说明，例如：

> 这些发生前兆不充分、诱因不明确，在社会生活中突然爆发，前所未遇、猝不及防或防而无效，人类难以预料或即使有所察觉但用常规管理方式仍然无力应对，具有明显复杂性特征和潜在衍生危害，破坏性极为严重，对社会系统的基本价值和行为准则产生严重威胁，危及社会秩序的突发事件，称之为非常规突发事件。

> 非常规突发事件是指人类对其孕育、发生、发展以及演化的内在规律尚未有清晰认知且人们利用当前资源进行应对有较大困难，事件发生后对公众产生广泛负面影响的事件。

> 非常规突发事件是指前兆不充分，具有明显的复杂性特征和潜在次生、衍生危害，破坏性严重，采用常规管理方式难以应对处置的恶性突发事件。

> “We define extreme events as occurrences that, relative to some class of related occurrences, is either notable, rare, unique, profound or otherwise significant in terms of its impacts, effects or outcomes.” “Not as isolable phenomena, but as emergent properties of interactions within or between complex, dynamic systems.”

虽然对于非常规事件，并没有一个权威的、统一的定义，但是，从上述不同的解读中，我们还是可以找出存在的共同点。例如，对于事件认识的不足，事件的复杂性、破坏性，事件应对的困难等方面，我们可以尝试从事件本质特征与表现在应急管理方面的特征这两方面，对非常规突发事件特征进行归纳。

（一）事件本质特征

（1）发生罕见，历史上未发生或很少发生。缺乏对事件的认识、对事件发展规律的把握以及应对事件的有效程序和经验，容易导致重大损失。例如，2001年9月11日在美国发生了恐怖主义袭击事件：2001年9月11日，19名恐怖分子劫持了美国4架民航客机，并对美国的几个标志性建筑发动恐怖袭击，制造了震惊世界的“9·11”事件。在纽约，当地时间上午8时46分（北京时间晚8

时46分)，恐怖分子劫持美国航空公司第11次航班波音767客机撞击高110层的世贸中心大楼北楼，9时3分，被劫持的美国航空公司第77次航班波音757客机撞向纽约世贸中心大楼南楼，随后，世贸中心两座大楼相继坍塌。在华盛顿，当地时间上午9时45分左右，美国联合航空公司的第175次航班客机从华盛顿杜勒斯机场起飞后不久被劫持并撞在五角大楼西南端，五角大楼的一角塌陷。在宾夕法尼亚州，当地时间上午10时，从新泽西州纽瓦克飞往旧金山的联合航空公司的第93次航班客机在距匹兹堡东南130千米处坠毁。“9·11”恐怖袭击后，美国正式放弃冷战时期的“威慑与遏制”战略，出台了“先发制人”战略理论，进入全攻全守的新战略阶段。同时，进行了自20世纪40年代以来美国政府最重大的改组措施，组建“国土安全部”，以更好地协调联邦政府各机构之间的反恐行动，防止美国再次遭到恐怖袭击。

（2）后果严重，造成重大损失的突发事件，从事件的影响来看是超常态的。事件影响不仅包括直接的、单向性的影响，还包括间接的、复杂灾难环境中多因素交互作用而产生的次生、衍生灾害影响。例如，2008年5月12日发生的四川汶川8.0级特大地震，受灾范围广，以四川为中心，涉及甘肃、陕西、重庆等10省市。四川省21个市（州）就有19个市（州）不同程度受灾，重灾区面积超过10万平方千米，涉及6个市（州）、88个县（市、区）、1 204个乡镇、2 792万人；人员伤亡惨重，截至2012年5月30日12时，四川汶川地震已造成68 858人遇难，366 586人受伤，18 618人失踪；基础设施严重损毁，交通、供水、供电、通信等基础设施遭受严重损毁。据不完全统计，四川省7条高速公路、5条国道和10条省道公路的路段路基、桥梁、隧道等结构物严重受损，超过1.7万千米农村公路损毁，断道大面积出现；次生灾害频发，截至2012年5月22日，有34处堰塞湖，其中8处水量在300万立方米以上，滑坡、泥石流、溃坝等重大灾害风险极大；基本生活生产设施丧失，据不完全统计，严重损坏的房屋593.25万间，倒塌房屋546.19万间，近千万人无家可归，工业基础受到毁灭性打击，四川省14 207家工业企业生产设施受损，德阳、广元、绵阳等重灾区大部分工业设施几乎完全被毁；直接经济损失巨大，截至2012年5月24日，仅四川省1.4万余家工业企业的直接经济损失在670亿元以上，约相当于四川省2007年GDP的7%，300余家央企直接经济损失300多亿元。估计震灾造成的直接经济损失将达1 500亿～1 800亿元，相当于2007年全国GDP的0.6%～0.7%，间接经济损失可能达万亿以上。

（二）事件的应对

非常规突发事件发生频率低，事件态势发展超出常规的控制范围。这些事件前所未遇、猝不及防，或防而无效，从应急管理的角度，与常规突发事件相比，事件具有如下特征：

（1）复杂性：表现为事件造成复杂的灾难环境，环境中的多个影响因素发生简单的线性叠加，同时还存在以未知模式进行的、非线性的交互。对于后者认识的缺乏，使得应急管理者无法根据事件发展规律及时采取有效措施和途径，对态势发展加以有效控制。

（2）多主体参与：事件应对涉及多个应急参与主体，单个应急主体的资源不足以应对整个事件，需要多个主体协调与合作，对应急资源进行有效的整合。这些参与主体包括政府、非政府组织、媒体、企业和个人等。

（3）时间紧迫性：事件影响（包括影响程度、影响范围）的超常态，给决策者带来强大的时间压力，要在有限的时间内迅速作出决策。

（4）缺乏应对程序：对事件的应对没有可用预案、程序和经验。

二、非常规突发事件的研究

传统研究方法，将事件独立于人类社会环境之外，作为一种作用于人类社会的外部现象（或因素），与人类社会之间呈现出一种线性的因果关系，所以研究主要基于事件的物理属性的学科分类，例如地震学家研究地震，气象学家研究气象风暴，水文学家研究洪水，核专家研究核事故，医学专家研究传染性疾病等。这些按学科分类的研究成果分别应用到各应急管理的各个过程中，如各种减灾、备灾项目，从而预防事件的发生或降低事件造成的损失。

然而，随着认识和经验的不断积累，越来越多的学者认识到这些灾难事件并不是独立现象，一场灾难事件包含各种复杂的动态系统之间的交互过程，这些动态系统可概括为事件本身、自然环境、人类社会环境三大类。从这个意义上说，每场灾难都是独一无二的，是由其所处的环境所孕育和刻画的。例如，同为高强度的地震，2008 年发生在四川汶川的 8.0 级地震，与 2011 年发生在日本的地震，后者因地处海域，引发海啸，最终导致严重的核事故。所以，仅仅按灾害学科背景研究无法有效解决客观世界的现实问题，对于非常规突发事件的研究应该立足于事件本身、自然环境、人类社会环境的动态交互，以反映这一交互过程中的突发属性为研究重点，建立更高一层的概念模型，从研究体系、研究机制、决策、知识整合、过程模式等方面进行梳理。表 1－1 为 Daniel Sarewitz 等设计的非常规突发事件研究的概念模型。

表 1－1　传统的研究框架与基于环境的研究框架

	传统框架	基于环境的框架
组织模式	按事件的物理现象划分	整合的，按环境划分
运作模式	科学与决策过程分离	两者相辅相成
灾难视角	离散事件，独立现象	相关联的事件，有联系的现象
非常规性	绝对程度	由环境决定
事件性	绝对的时间和地点	由环境决定
脆弱性	系统的条件	动态的反映
决策角色	知识转化为行动，决策位于科学之外	知识与行动的综合反馈，决策是研究的核心问题
知识整合	发生在创造之后，在制定决策之前	将制定决策与创造知识整合
预测	确定发生的时间和地点，输出数值产品	评估预测；理解预测的影响；是决策过程
知识源	科学研究	科学研究、经验、直觉、探索
处理模式	信息提高决策质量	信息的价值与环境有关，正确认识环境能够帮助决定对信息的利用

第二章　应急恢复

灾难事件给人类社会带来的伤痛是惨重的，仅我国近10年来，每年因自然灾害、事故灾难、公共卫生和社会安全等突发事件造成的死亡人数约20万，经济损失超过6 000亿元。面对灾难事件的不可预测、无法避免及其严重影响，提高国家灾害应急能力是一项战略性任务，也是对应急管理领域的研究工作提出的新挑战。国家的灾害应急能力包括对突发事件的预防准备、有效预警、应急处置以及灾后恢复的能力，着眼于最大限度地减少人员伤亡、财产损失和各种潜在的危害，同时尽快恢复正常的生产生活。本章从应急管理的四阶段模型概述开始，重点讨论了其中的恢复阶段。

第一节　应急管理简介

一、四阶段应急管理模型

（一）备灾

备灾是整个应急管理的基石，与其后一个阶段（应对）直接相关，通过对事件发生后可能出现的情景预先规划，形成应对工作的指导，减少灾难应对中出现的困惑、焦虑、紧张、害怕、恐慌等情绪，从而提高应对灾害的能力。从这个意义上说，备灾是应对的提前规划。而灾害事件应对中常常需要协调成百上千的机构和组织，所以，需要采用系统的方法，确保整个应急管理系统处于准备好的状态。同时以一种动态的循环，不断适应变化着的客观环境，如下所示：

（1）评估潜在威胁；

（2）评估抗灾性；

（3）找出不足；

（4）采取行动进行加强；

（5）培训和演练；

（6）再评估。

任何应急管理系统的有效运作都无法离开强大的备灾能力支持，而这种能力的建立需要通过预案、培训和演练来实现。所以，备灾阶段的核心工作包括以下几点：

（1）制订应急预案。提前规划灾害事件应对中的各项行动和措施，明确各应急管理组织或部门的角色和职责；

（2）预案培训。对预案中涉及的应急人员进行预案培训，熟悉操作，理解流程，各司其职；

（3）演练。在可控的、情景驱动的模拟环境中证明和评估应急管理组织或部门执行预案的能力。

（二）应对

灾害事件一旦发生，要采取及时的应对行动，来抢救生命、保护财产，维护社会、经济和政治秩序，同时还要预防其他潜在威胁，例如，消防灭火、紧急医疗服务、搜救灾民、紧急恢复关键基础设施、控制受污染环境等。应对行动可分为四大类：

（1）灾情评估。确认灾害的发生，评估其影响程度、影响范围以及人员财产受损情况，决定应对所需规模以及应对资源的需求，同时密切监视灾情的发展和环境的变化。

（2）灾害操作。采取措施，阻止灾害的发展。

（3）灾民保护。控制现场，搜救灾民，向灾民提供医疗救助和基本生活所需。

（4）事故管理。分析事态发展，指挥各应急职能部门或组织，监控应急行动的执行，评估所需应急资源，发布灾情信息，保障后勤。

一个成功的应对需要一个强有力的指挥和控制系统以及成熟的沟通协调机制。

（三）恢复

恢复涉及与重建家园、恢复就业、恢复企业运作、修复或重建基础设施和公共设施有关的决策和行动。恢复过程需要平衡尽快把社区恢复到正常状态的即时需要和降低未来脆弱性的长期目标。恢复阶段也是降低风险、提高抗灾能力的有利机会，所以，恢复阶段并不是简单地对灾前状态进行复制，而是利用重建的机会，通过规划的合理调整、新标准的使用等措施，使家庭和社区的生活质量和安全性得到增强。

（四）减灾

减灾不同于应急管理的其他三个阶段，它强调通过日常的、持续性的行动或措施来预防灾害的发生或尽量降低灾害的影响。与备灾、应对以及短期恢复相反，减灾并不针对某一特定灾难，所以其“应急”特性并不突出。并且，这一阶段的工作通常涉及传统应急管理圈以外的人员，包括土地使用的规划者、建筑和房屋管理人员（公共的和私人的）、企业主、保险公司、社区领导、政客等，各项减灾措施和活动的实施需要更广泛的参与和支持。常见的减灾措施包括修建防灾工程，土地使用管理，增强建筑物和设施的抗灾性，民众应急知识宣教等。

传统应急管理的重心一般放在针对某一场灾害发生前后的各项工作，缺乏“应急”特征的减灾一直以来都没有得到应有的重视。另一方面，在实践中，受到应急资源的局限性影响，在一些不太富裕的国家和地区，有限的应急资源只能优先投入到灾害应对中，解决更为迫切的人员搜救、财产保护、重建家园等问题，而需要长期持续投入的减灾无法得到足够的资源。在这种情况下，一般会将减灾整合到灾后重建中，即以灾后重建为契机，采用一些减灾策略，并实施一些减灾措施，增强社区抗灾害的能力，从而降低社区的风险。从这个意义上说，减灾与重建这两个阶段并没有一个明晰的分界，应急管理的恢复阶段也是进行减灾活动的最好时机。在灾后重建中，进行更科学合理的规划，实施更严格的建筑标准，提高社区民众的风险意识，这些减灾措施在这个阶段可以获得充足的资金支持。当然，随着应急管理的专业发展、灾难规模的升级和资金的充裕，人们对减灾重要性的认识会不断提高。

二、应急恢复简介

应急管理的恢复阶段开始于生命财产安全的紧急威胁已解除之后，终止于灾区与灾民都恢复正常之时。它紧随在应对阶段之后，所以此前由于事件的不确定和应对的紧迫性带来的难题逐渐转化为考虑如何修复受损的建筑，恢复公共服务，恢复基础设施服务，恢复社区正常等问题。对于灾后恢复的阶段划分，不同学者有不同的理解。早期，Kates 和 Pijawka 在 1977 年提出四阶段模型：突发应对（主要指对突发事件的应急处置，可能持续数天或数周），恢复（包括修复房屋、各类建筑物、设施，清理废墟，遣返灾民，可能持续数周或数月），重建（主要指经济上的重建，包括资本市场的恢复，可能持续数月甚至数年），发展（包括制定并实施纪念性措施，例如设立纪念碑、纪念日，还包括降低社区风险、提高社区抗灾能力的措施）。2003 年，Sullivan 也采用了一个类似结构的模型，提出了恢复阶段的四元素，包括灾后影响——恢复——重建——纪念、改善与发展。还有部分学者则倾向于三阶段恢复模型。联合国救援组织主要按照时间发展划分为紧急救援（灾难发生到第5日）、恢复（第5日到3个月），重建（3个月之后）。Schwab 等则把恢复阶段划分为紧急应对、短期恢复、长期恢复三个阶段。Alexander 则去掉了应对部分，直接划分为恢复、临时重建、永久性重建。

灾难既造成物资上的破坏和影响，也给社会生活带来重大挫折，灾难的恢复要同时兼顾这两个方面。所以，灾区的恢复不仅包括住房、各类建筑以及设施等物理层面的修复或重建，同时也涉及社会心理层面。灾民的恐慌、不安全感，失去亲人朋友的心理创伤，不稳定的生活工作状态导致的压力、焦虑等，这些都需要考虑并解决，从而逐渐恢复社会心理的稳定。

当一切都恢复正常时，恢复阶段也就结束了。然而，关于“正常”的标准却值得思考，恢复正常仅仅是恢复到灾前的状态吗？如果是这样，那么同样的灾难在今后可能还会发生。所以，从应急管理的角度，“正常”这一标准并不仅指灾前状态，还包括抗灾能力提升、灾害风险降低的状态。在恢复重建阶段，应该充分吸取受灾教训，找出那些在设计、施工以及建筑材料上存在缺陷的各类房屋、建筑和设施，加以完善，对于那些重建过程中暴露出不足的人员、机构和企业，加以整顿。一个抗灾能力强的社区知道如何将灾害事件作为提高社区的契机，改变人们对社区风险的认识，采取相应措施降低社区风险，同时动员社区力量支持相关政策法规的制定和有效实施。

第二节　社区的基本框架与运作

社区的概念首先是地理区域上的划分，某个社区即某一片特定的地理区域。通常，它会与现实中的行政区域结合在一起，一个城市可以作为一个社区，一个小村庄也可作为一个社区。除了地理位置的特征外，社区还有心理联系方面和社会生活方面的特征。心理方面主要是指社区成员有着共同的目标、价值和准则，这些将他们与社区外的成员区别开来，并由此产生一种认同感。同时，在社会生活方面，社区内成员间的交往通常比与社区外的交往要频繁得多。所以，社区也可看作是由家庭、企业、政府三个基本单元组成的社会生态网络。每个单元都有各自的人力资产和物质资产，如家庭成员、企业雇员、政府工作人员，这些都是家庭、企业、政府分别拥有的人力资产。具体来说，是人的各种能力，包括认知力、精神、运动力、人格个性等，所有这些随着时间和经验的积累，最终形成了经济学家们所定义的劳动力。物质资产除了常规的物品，如土地、建筑物、设备、交通工具、设施、农作物等，还包括金融资产，如现金、股票、债券、存款、保险。各单元所积累的资产可以为其带来收入，人力的工资收入，物资的租金收入，金融品的分红或利息，所有这些收入最终用来消费、生产以及投资。

社区内的基本运作如图2－1所示。每个家庭都通过工作最终换取生活所需，在这里工作可以简化为向企业提供劳动力，作为回报，他们拿到工资，可以用来购买生活所需，包括商品（如日用品、食物）、基础设施服务（如水、电、交通、通讯）、公共服务（如教育、卫生、消防）以及一般服务（如娱乐、休闲）。除了以上这些涉及经济方面的互动外，每个家庭还会与他们的亲朋好友、同事邻居发生互动，这些互动中也会涉及物资和金钱，但是大部分都是属于情感上的互动。企业则通过雇用家庭中的劳力，生产产品或提供服务，然后卖给客户，企业的收入将支付给企业供应商、基础设施服务以及政府。当然，非营利性企业的产品或服务会以不高于成本价的价格或免费卖出。政府提供的产品或服务则以税收的形式向家庭和企业收取费用。

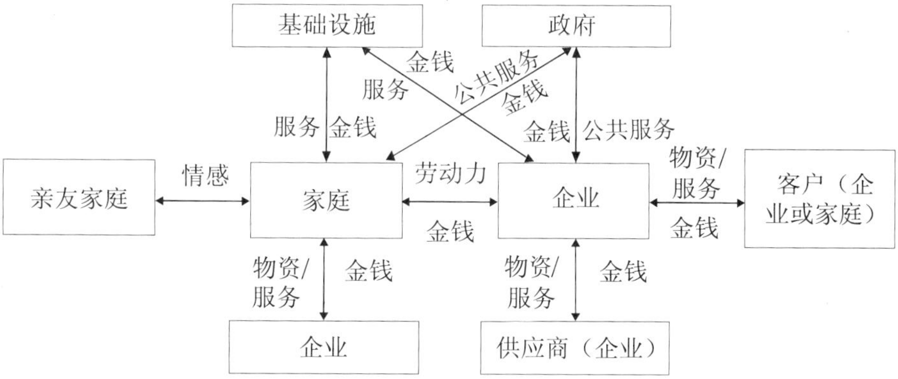

图2－1 基本社区单元之间的相互关系

同时，同类社区单元间还存在着合作、竞争、冲突三种基本关系。例如，多个政府部门间的协调合作，企业之间的竞争，不同家庭间产生的矛盾等。社区内的学校、宗教组织等社会组织则通过教育、教化等形式，承担着社会化社区成员的职责，即向他们灌输基本的价值观和行为准则，从而促进社区内的和谐有序。当然还需要政府的某些部门（例如司法部门）来解决矛盾，维持秩序。

第三节 社区层面的灾后恢复

一场灾难破坏了社区各基本单元所拥有的人力资产和物资资产，家庭可能会失去家庭成员、住房、财产，企业可能失去员工、厂房、机器设备、原材料，政府可能失去工作人员、公共服务设施，最终社区的正常运作被中断。对于受灾家庭，因为劳动力的丧失或者企业的倒闭，无法通过提供劳动力获得收入，造成家庭主要经济来源受损。而且失去亲友造成其情感交往的中断和打击，失去住房导致被迫离开家园。对于企业，因为生产资料、生产工具的受损，无法进行生产，导致被迫关闭，同时失去客户或者供应商，也会严重影响企业的生产活动。对于政府，因为失去工作人员，公共设施以及基础设施系统受到破坏，无法正常向家庭和企业提供服务，再加上家庭和企业的受灾也会导致政府税收的大幅下降。所以，社区恢复主要包括三个方面：家庭恢复、企业恢复、公共服务与基础设施服务恢复。

一、家庭恢复

家庭恢复涉及住房、经济及心理三个层面。

（一）住房恢复

灾后住房恢复一般经历四个阶段（见图2－2）。紧急庇护所是指那些事先没有规划、临时就近找到的躲避场所，例如发生地震时，建筑物前的空地可以作为大部分人的临时躲避场所。临时庇护所则是指能够提供食宿的临时场所，常见的如大型体育馆，但是通常由于配套设施不足，只能提供短期的庇护。临时安置房可以满足灾民最基本的生活要求，直到他们搬入永久住房。灾民的住房恢复一般沿图2－2的变化轨迹，他们离开自己的住房后寻求紧急庇护所，情况稳定后，前往临时庇护所，然后再转入临时安置房，最后搬回维修好或重建的新居。这个过程也可看作是一个包含四种状态变化的随机过程，通过估算每两种状态之间的变化概率，最终可以大致估计出在不同时间对这四种住房状态的需求水平。在Coleman等的研究中，通过指定两两状态之间的变化率，估算出在灾后恢复阶段

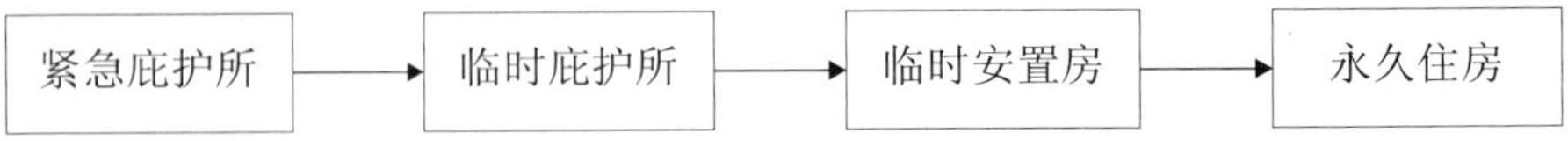

图2－2 灾后住房恢复状态变化

对四种住房状态的需求变化（见图2-3）。

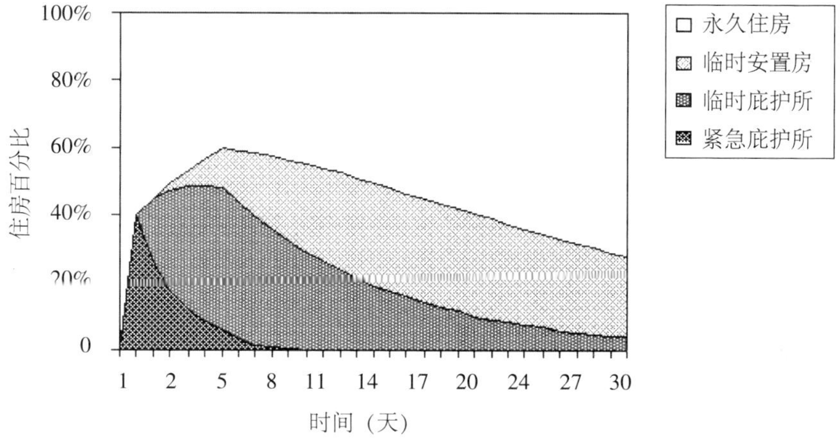

图2-3 灾后不同住房需求变化

（二）就业恢复（经济恢复）

首先，对于投保的财产损失，灾民可以从保险公司获得赔偿。其次，国家通过发放救济款、降低税率、提供无息贷款、创造更多就业机会等多种方式，给受灾家庭予以帮助。家庭经济恢复的快慢取决于多个因素：家庭负担、背景、文化程度、职业、收入、家庭储蓄等。对那些负担重、储蓄不足、家庭主要成员受教育程度偏低、从事低收入职业的家庭来说，灾难往往是雪上加霜，自身很难承担灾难的损失，往往需要政府提供更多的救助和政策倾斜，帮助他们从灾难中尽快恢复过来。所以，在社区层面的恢复方面，对资源的分配不应该采用平均原则，而应该向弱势家庭侧重。忽略不同家庭对恢复资源的需求不同，将无法对有限的恢复资源进行合理配置，一方面，部分强势家庭抗灾能力强，能主要依靠自身迅速从灾难中恢复；另一方面，部分弱势家庭不仅要承受灾难事件的打击，还要面临恢复资源严重不足、忍受漫长恢复期带来的困难，从而影响整个社区的恢复进展。所以，对恢复资源的分配应按照家庭抗灾能力的不同分比例进行，提高整个社区的恢复效率。

（三）心理恢复

心理学研究认为，灾难影响一般不会造成重大的心理问题。例如，美国历史上的德克萨斯州龙卷风后造成的负面影响包括61% 的灾民很不喜欢风暴，48%

感受到时间压力，38%缺乏耐心，31%家庭关系变得紧张。同时带来的正面影响包括91%的家庭关系变得紧密，23%的家庭幸福感增强。根据公开报道的数据，大约只有5%的灾民在灾后寻求了心理咨询和辅导。同样地，地震后大约只有35%的灾民出现了一些心理压力的症状，如反应迟钝、无故生气、性格孤僻、睡眠困难等。

心理上的恢复情况一般与年龄、性别、经历、社会关系等因素有关。总的来说，大部分灾民灾后可以很快自行缓解压力，只是那些受到损失（包括物资、社会关系）的灾民会有相对大的压力。从心理恢复的角度帮助灾民最合适的策略，即尽可能提供经济援助方面的信息，组织一些心理互助小组，让灾民在集体氛围中获得精神支持，释放压力。

二、企业恢复

灾害事件对企业运作的影响是多方面的。因厂房、办公楼、设备、仓库等设施受到破坏从而中断运作，这是最直接的、物理上的影响。同时，因为灾害事件对基础设施系统的破坏，其提供的服务中断，如停水、停电、通信不通、交通瘫痪等，导致企业生产活动的中断。例如，2011年初，由强震引发的海啸导致核电厂的瘫痪，日本不得不采取限电措施，一些大型的生产企业，如丰田公司、本田公司间断性地关闭生产线，这些都是较隐蔽的、间接的影响。

小型企业因资金、资源的限制，没有能力像大企业那样设计并实施一些灾害管理的程序和措施来降低企业面临的物理上的风险。灾后，它们又需要付出更高的成本去维修，去置换，甚至迁址，所以，小型企业更容易受灾害事件影响，与大企业相比抗风险能力较差。

同时，企业经营业务的不同、所处地理位置的不同都会影响到其灾后恢复的情况。Zhang等以企业的销售量为基础，研究不同类型的企业在灾后其业务量的变化情况。他们的研究总结出四种灾后企业的恢复模式（见图2－4）。图中横坐标为时间，纵坐标为销售量，图中曲线描述了企业在灾后销售量随时间的变化情况。曲线A，这类企业销售量在灾后受到了一定的影响，不过，在较短时间内就恢复到灾前水平了，典型的是那些提供专业服务的企业，虽然受到影响，但是能迅速恢复。曲线B，这类企业的销售量受到重创，几乎降为零，并且需要很长时间才能恢复到灾前水平，例如，位于灾区的生产厂家，因为厂房、库存、原材料都在灾难中毁于一旦，它们的恢复重建则需要经历较长的时间。曲线C，这类企业，可能位于灾区边缘，受到的影响并不那么大，但因其业务与恢复重建有关，如建材行业、建筑行业，所以销售量会迅速回弹并超出灾前水平，随着恢复重建工作的结束，其销售量也恢复正常。曲线D，这类企业远离灾区，完全没有受到灾难影响，相反，因其业务与恢复重建有关，销售量在灾后会有一个剧增，但随着恢复重建工作的完成，也会逐渐恢复正常。

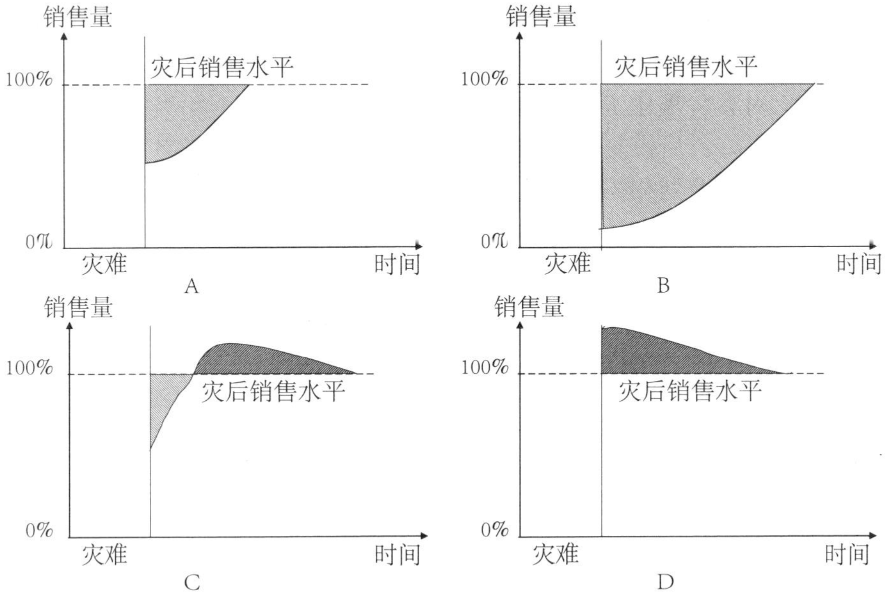

图 2－4　灾后企业的恢复模式

三、公共服务与基础设施服务恢复

灾后公共服务与基础设施服务的恢复，主要包括两个方面：提供服务的劳动力的恢复和提供服务的物理设施的恢复。劳动力的恢复也是家庭恢复的核心，如前所述，涉及住房恢复、经济恢复、心理恢复三个层面。物理设施系统的复杂性、关联性，需要用系统的思想和方法去分析系统内部各要素之间的结构与联系。从全局出发、综合平衡、全盘规划、统筹兼顾，加强灾后恢复中的协调与合作，提高效率，第三章将重点论述其中涉及的决策问题。

四、灾后恢复的影响因素

Rubin 等的研究找出了影响社区恢复的一系列因素，其中有三个是地方政府无法控制的，即联邦政府的影响和状况以及州政府的影响和状况与社区的恢复需求。而地方政府可以控制的因素则包括个人领导力、执行力等。在对 14 个应急恢复案例研究后，Rubin 等发现社区恢复的速度、效率以及公平性主要依赖于地方政府是否制定有效的恢复策略，如果能够提前发现问题并找到相应对策，社区的恢复则是高效的。还有一些学者的研究建议应急处置过程中地方政府应该为可能发生的一些重大的恢复问题提前做准备，估算其发生的可能性及其影响，从而可以提前制定策略、调整结构，避免在应急处置过程中还要临时对整个恢复阶段的行动进行战略上的部署。同时，还建议如果能够对所需资源有一个预判，提前做好准备，对灾后重建工作也是一个有力的促进。Schwab 等学者的研究指出，提前规划是做好灾后恢复的基础，也是最有效的方式。这些学者把灾后恢复看作是需要完成的一系列相关联的任务集，包括一些临时的、短期的任务，例如安置灾民、清理残骸；也包括一些长期的任务，例如重建选址、资金筹措、持续刺激地方经济。及时有效地解决这些问题和任务主要依赖于灾前规划，所以，在灾前不仅要做应急准备与减灾规划，同时也需要做恢复规划（见图 2 –5），提前做规划能够充分考虑减灾、可持续发展等策略，并运用于社区的灾后重建过程中，从而避免因为对速度上的要求导致恢复变成了对社区原有状态的简单复制。正如前面所谈到的，灾后恢复并不是简单地回到社区原来的状态，而是以此为提高社区抗灾能力、降低社区风险的发展机会，实现这些常常会涉及一些复杂问题，例如不同需求的冲突，长期目标和短期目标的冲突，灾后的临时规划很难有效解决它们。所以，提前做恢复规划能够让管理者有足够的时间、资源去权衡社区恢复的长期目标（降低社区长期风险）与短期目标（社区尽快恢复正常），找到恰当的策略来平衡两者。

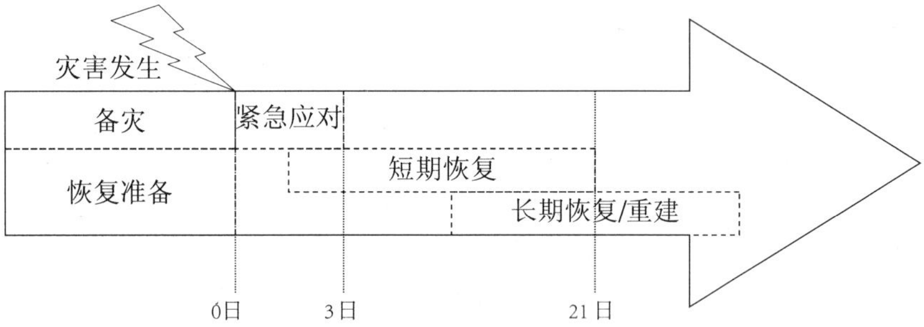

图 2 –5　灾后恢复过程模型

第四节 灾后恢复活动概述

灾后恢复活动可概括为四类：灾情评估、短期恢复、长期重建、恢复管理。灾后恢复阶段的灾情评估工作通常与应急处置阶段的灾情评估整合在一起，以确认受灾情况。短期恢复主要侧重于一些紧迫的工作，如灾区的安保和灾民的收容，为后期的恢复建立基础。长期重建则是在灾区具体实施各项重建工作，解决灾后群众心理上的、人口方面的、经济上的以及政治上的各种问题。最后一类是管理工作，管理和协调前面的三项工作，保证灾后恢复重建工作有序、顺利进行。

一、灾情评估

灾情评估包括物理层面的和社会层面的。物理灾情评估包括评估住房和工商业建筑物的损害情况；评估供水、供电、燃气、交通、通信等基础设施的损害情况；评估医院、警察局、消防局等重要公共设施的损害情况。社会层面的灾情评估通常评估灾害造成的社会影响，通过这类评估，可以掌握灾民的需求，从而确保灾后的恢复工作能够满足他们的需求。在评估的同时，也需要研究灾害的影响方式，研究灾害如何从物理上和心理上影响灾区，从而为后期制定有关的减灾行动打下基础。

美国联邦应急管理署于 1995 年划分了三种类型的物理灾情评估。第一种是快速评估，通常在应急处置阶段进行，最好是灾后 24 小时内。这种评估主要确认灾害影响范围以及大概的影响程度，例如建筑物的倒塌情况、人员被困情况、次生灾害发展情况、基础设施和公共设施的损害情况等，为展开救援行动做准备，所以它必须快速完成，一般在 1 ~3 小时内完成。第二种是灾情的初步评估，对于建筑物按受损程度分类进行统计，例如，建筑物类型（居民住宅、工业建筑物、商业建筑物）、受损程度（轻微损坏、一般损坏、严重损坏、完全被毁）等，给出各种分类总数。这种评估一般在 3 ~4 天内完成。第三种是灾情的进一步评估，具体估算受损建筑物的维修或重建成本。根据这些具体数据，可以确定对临时庇护所、临时住房以及建筑物修复援助资金的需求水平。这种评估一般要花数周才能完成，通常采用常规建筑项目的成本估算方法。

灾情评估并不局限于建筑物和设施，还包括灾民经济上、心理上的损失，以评估他们在恢复阶段的需求水平。那些在灾害中失去财产、身体受到伤害或者失去家人的灾民，确认他们需要什么样的帮助，特别是那些处在落后偏远地区、受灾严重、收入低的群体，确认他们需要什么样的援助才能重建家园。就业方面的援助、基本的生存方面、心理方面等这些都属于灾民需求评估的内容。

二、短期恢复

(1) 灾区安保。即维持灾区秩序，灾民撤离后，防止偷盗、抢劫等违法事件；控制灾区的人员出入，只有当灾害及其次生危险完全解除后，撤离人员才能按程序返回。

(2) 灾民临时庇护或临时住所。灾民的临时庇护选择包括亲友家、商业设施（如酒店、招待所）、临时开辟的庇护场所（如大型体育馆、大型会议中心），然而一般情况下，大部分灾民都不得不住进临时庇护场所。一旦灾害造成大量灾民流离失所，他们涌入这些庇护场所势必会产生场所内的拥挤、嘈杂、配套设施不足，从而导致场所内的紧张和压力，可能产生的疾病、传染病等公共卫生问题都会给场所的运作管理带来困难。临时庇护毕竟持续不了太长时间，灾民最终会搬入临时住所，直到他们的家园重建完成。临时住所的选址、搭建数量、分配管理等，都是在后一阶段需要解决的关键问题。

(3) 临时企业运作。就像灾民需要临时住所一样，企业也需要临时场所继续营业。政府应该掌握这些坚持营业的企业名单及其临时营业需求，帮助其开辟合适的临时营业点，例如，大型的停车场、广场等安全的开放空间。

(4) 基础设施恢复。灾后常出现的停水、停电、交通瘫痪、通信受阻、燃油断供，极大地影响了正常的生产生活。所以，应该严密监控基础设施并及时修复损坏，特别是关键基础设施系统，例如电网、通信网络、交通网络、供水系统并及时修复损坏。同时，基础设施恢复也是顺利进行重建工作的保障。另一方面，基础设施的恢复，需要根据灾区的具体情况或是经济上的考虑，或是救援上的考虑，平衡利益冲突各方对基础设施的需求，制定合理的优先次序。

(5) 关键公共服务设施运作。灾后应迅速修复受损的医院、警察局、消防站等关键公共设施及水厂、应急物资仓库、政府部门办公室等支持公共服务的关键设施，以保证它们的正常运作。

(6) 处理残骸。大部分自然灾害和事故灾害都会对建筑物造成损坏，产生大量的残骸、碎片需要处理。残余物首先需要分类——可回收物和不可回收物，然后再分别处理。

(7) 受损建筑物处理。建筑物灾情评估结果产生后，根据处理要求对危险建筑物进行紧急摧毁，对其余受损建筑进行维修管理。

(8) 捐赠管理。大的灾难发生后，常常出现“一方有难，八方支援”的情景，大量的物资与资金会以捐赠的形式涌入灾区。物资捐赠的管理较资金更为复杂，需要并入应急物流管理系统，开辟特定的场所接收、储存物资，对物资进行分类管理，按各个地区的需求分配到物资分派点，将捐赠物资发放到灾民手中。整个过程的顺利进行需要统筹安排，各部门应协调配合。

三、长期重建

灾后的重建通常也是提高和改变社区的一个契机。基于前期对社区风险的认识，包括自然环境和社会环境，将各项建议和措施运用于重建实践中，重建低风险、高抗灾能力的社区。主要工作包括以下几点：

（1）危险物资控制。继续保持对有毒、有害物资的检测与控制，保证各种保护措施的实施，确保灾区安全。

（2）土地使用规划。实施恢复规划中土地使用策略，调整现存规划中不合理的地方，确保对灾区的土地使用能够降低生命财产风险，尽量减少在危险区域的开发。采取的措施包括政府收购、公共设施与基础设施的调整、资金的导向等。

（3）建筑标准实施。实施新的建筑标准，包括建筑结构、建筑材料、施工过程等各个方面的标准，增强危险区建筑物的抗灾能力。

（4）公共卫生。灾难事件导致心理层面的各种压力、焦虑、不安、抑郁等心理问题，通常采用的疏导办法包括专业人士提供的心理咨询和辅导，在社区层面对灾民提供一些帮助。例如，成立灾民互助小组，通过互相扶持、互相鼓励，帮助灾民早日走出灾难阴影。

（5）经济发展。实施恢复灾区经济、发展经济的各项措施和策略。

（6）加强基础设施系统。基础设施系统也称作社区的生命线，对于社区的正常运作至关重要。在重建阶段，一个提高社区安全的重要工作就是加强基础设施系统。通常会加固桥梁、公路，对各种输送线路和管道进行合理布局，降低遭受破坏的风险。

（7）生态环境修复。对生态环境进行修复和治理，恢复灾前的平衡状态。

（8）文化古迹保护。在恢复行动中防止自然资源、文化资源和历史资源遭受蓄意的破坏。

（9）灾难纪念。对于给社区带来重大创伤的大灾难，通常会修建纪念碑或指定一个纪念日，从而让人们从定期的纪念活动中激发归属感、认同感，紧密团结在一起，共同为社区发展努力。

四、恢复管理

（1）动员资源。灾后恢复重建期通常持续时间较长，所需资源较多，所以需要为恢复各阶段的工作动员所需资源，包括人力、财力以及各种装备、设备等物资。

（2）指挥协调。灾后重建恢复涉及多个部门、多个组织的共同努力，所以需要统筹安排、协调合作。

（3）物流管理。组织恢复重建物资的采购、生产、储备、运输，保障物资供应。

附《国家汶川地震灾后恢复重建总体规划目录》

第六节　社会管理
第八章　基础设施
第一节　交通
第二节　通信
第三节　能源
第四节　水利
第九章　产业重建
第一节　工业
第二节　旅游
第三节　商贸
第四节　金融
第五节　文化产业
第十章　防灾减灾
第一节　灾害防治
第二节　减灾救灾
第十一章　生态环境
第一节　生态修复
第二节　环境整治
第三节　土地整理复垦
第十二章　精神家园
第一节　心理康复
第二节　民族精神
第十三章　政策措施
第一节　财政政策
第二节　税费政策
第三节　金融政策
第四节　土地政策
第五节　产业政策
第六节　对口支援
第七节　援助政策
第八节　其他政策
第十四章　重建资金
第一节　资金需求和筹措
第二节　创新融资机制

附《国家汶川地震灾后恢复重建总体规划》总体要求

第二章　总体要求

第一节　指导思想

深入贯彻落实科学发展观，坚持以人为本、尊重自然、统筹兼顾、科学重建。优先恢复灾区群众的基本生活条件和公共服务设施，尽快恢复生产条件，合理调整城镇乡村、基础设施和生产力的布局，逐步恢复生态环境。坚持自力更生、艰苦奋斗，以灾区各级政府为主导、广大干部群众为主体，在国家、各地区和社会各界的大力支持下，精心规划、精心组织、精心实施，又好又快地重建家园。

第二节　基本原则

——以人为本，民生优先。要把保障民生作为恢复重建的基本出发点，把修复重建城乡居民住房摆在突出和优先的位置，尽快恢复公共服务设施和基础设施，切实扩大就业，增加居民收入，让灾区群众安居、安定、安全、安心。

——尊重自然，科学布局。要根据资源环境承载能力，考虑灾害和潜在灾害威胁，科学确定不同区域的主体功能，调整优化城乡布局、人口分布、产业结构和生产力布局，促进人与自然和谐。

——统筹兼顾，协调发展。要着眼长远，适应未来发展提高需要适度超前考虑，并与推进新型工业化城镇化、新农村建设相结合，加大对贫困地区和少数民族地区的扶持力度，推动结构调整和发展方式转变，努力提高灾区自我发展能力。

——创新机制，协作共建。要充分发挥灾区广大干部群众的积极性、主动性和创造性，自力更生、艰苦奋斗。充分发挥对口支援的重要作用，建立政府、企业、社会组织和个人共同参与，责任明确，公开透明，监督有力，多渠道投资的重建机制。

——安全第一，保证质量。要严格执行抗震设防要求，提高学校、医院等人员密集的公共服务设施抗震设防标准。城乡居民点和重建项目选址，要避开重大灾害隐患点。严格执行国家建设标准及技术规范，严把设计、施工、材料质量关，确保重建工程质量。

——厉行节约，保护耕地。要坚持按标准进行恢复重建，不超标准，不盲目攀比，不铺张浪费。尽量维修加固原有建筑和设施，尽量统建共用公共设施和用房。规划建设城镇、村庄和产业集聚区，要体现资源节约、环境友好的要求。坚持节约和集约利用土地，严格保护耕地。

——传承文化，保护生态。要保护和传承优秀的民族传统文化，保护具有历史价值和少数民族特色的建筑物、构筑物和历史建筑，保持城镇和乡村传统风貌。避开自然保护区、历史文化古迹、水源保护地以及震后形成的有保留价值的新景观。同步规划建设环保设施。

——因地制宜，分步实施。要从当地实际情况出发进行恢复重建，充分考虑经济、社会、文化、自然和民族等各方面的因素，合理确定重建方式、优先领域和建设时序。要统筹安排、保证重点、兼顾一般，有计划、分步骤地推进恢复重建。

第三节　重建目标

用三年左右时间完成恢复重建的主要任务，基本生活条件和经济发展水平达到或超过灾前水平，努力建设安居乐业、生态文明、安全和谐的新家园，为经济社会可持续发展奠定坚实基础。

——家家有房住，基本完成城镇和农村居民点恢复重建，灾区群众住上安全、经济、实用、省地的住房。

——户户有就业，每个家庭至少有一人能够稳定就业，城镇居民人均可支配收入和农村居民人均纯收入超过灾前水平。

——人人有保障，灾区群众普遍享有基本生活保障，享有义务教育、公共卫生和基本医疗、公共文化体育、社会福利等基本公共服务。

——设施有提高，交通、通信、能源、水利等基础设施的功能全面恢复，保障能力达到或超过灾前水平。

——经济有发展，特色优势产业发展壮大，产业结构和空间布局优化，科学发展能力增强。

——生态有改善，生态功能逐步修复，环境质量提高，防灾减灾能力明显增强。

第三章　应急决策理论与方法

近年来发生的多次非常规突发事件，在全球范围内给各国造成了巨大损失，如2001年美国“9·11”恐怖袭击事件、2003年中国“非典”（SARS）事件、2004年印度洋地震海啸、2008年中国汶川8级大地震、2011年日本9级大地震等。在面对人类社会所承受的严重人员伤亡、经济损失和社会影响的同时，也暴露了此类事件的应急管理不足，凸显了加强应急管理研究的迫切需要，而突发事件的应急决策则是突发事件应急管理的核心研究内容。本章从基本决策理论、方法出发，对应急决策进行了一定的讨论。

第一节　决策基本理论

一、决策定义

“决策”一词，随着社会的进步与科学的发展，人们有不同的理解，归纳起来可大致分为两类：广义上的决策是指包括提出问题、确定目标、设计备选方案、选择并实施方案、评估反馈的一个完整的过程；狭义上的决策是指从几种备选方案中作出选择，即拍板定案，更有人认为决策是在不确定条件下冒一定风险的选择，这是对决策最狭义的理解。

早期，人们对决策的理解是狭义的，认为决策只是一种选择，一个决定。这种选择或决定基于决策者的完全理性，即决策的目标是最优化。从经济角度上来说，管理决策的目标是最大化组织的经济利益。20世纪60年代以后，以美国著名的经济和管理学家Herbert Simon为代表的当代决策理论逐渐建立起来。决策作为管理活动的中心，包含情报、设计、选择、评估四个环节的全过程。计划、组织、指挥、协调、控制等基本管理职能都可作为决策过程来研究。因为认知能力的有限性与决策环境的复杂性，决策过程通常只能实现有限理性，而非完全理性。所以，决策者在实践中通常采用的是满意准则，选择第一个达到决策者要求的方案，而不是穷尽所有方案后找出的最优方案。有限理性的提出以及决策过程的理论化，奠定了当代决策理论的基础。

二、决策过程

在决策环境日趋复杂的今天，作出明智的决策对于管理者来说比以往更具有挑战性。首先，环境的变化越来越快，决策问题层出不穷，并且新的问题不断涌出，旧的模式无法适用，这就要求管理者不仅能快速应对，而且能大胆革新。其次，经济全球化极大地增加了不确定因素，“蝴蝶效应”似的连锁反应，要求管理者时刻保持着全局视角。再次，组织结构的复杂化、规模的扩大和人员的增加，这些都对管理者的决策质量提出了更高的要求。以 Simon 的决策过程模型为基础，一个完整的、科学的决策过程可以描述为以下五个步骤：

（1）问题形成。决策通常是为了解决特定问题，这个问题可能是突发性的，事先没有预料到，当问题暴露后，决策者在被动的情况下去解决。问题也可能来自于决策者的主动发现，通过对现状和预期之前差异的分析，形成决策问题。所以问题的存在是进行决策的前提。

（2）目标确定。在对决策问题的本质和发展规律进行深入分析的基础上，确定决策目标，从而为后续努力提供依据、指明方向。决策目标要求具有针对性，抓住关键、分清主次，针对问题的关键和要害提出目标。

（3）方案拟订。各种方案是解决决策问题、实现决策目标的方法和途径。根据既定目标，收集、整理、分析相关信息，充分考虑资源条件等约束，设计可行的备选方案。在方案设计中，要勇于创新，大胆探索，尽可能多地拟订备选方案，增加最优选择的可能性。

（4）评估选择。根据决策目标，确定备选方案的评估准则。运用准则，分析、评估、比较所有备选方案，选择最优方案。评估准则在很大程度上反映了决策者对决策问题的价值取向。对于同样的问题，不同的决策者会因为自身的认识、经验、心理以及风险偏好的不同，而选择完全不同的方案，从而导致最终结果的天壤之别。

（5）实施反馈。实施选择的最优方案后，决策过程还未结束，还需要对方案的实施进行追踪控制，针对实施过程中暴露出的问题，找出偏差，采取相应的控制，不断修正完善决策方案。如果主客观条件发生了重大变化，则必须对前面所有步骤进行根本性修正，对原决策进行“扬弃”。

三、决策的基本要素

（1）决策者。决策者即实施决策过程的主体，可以是个人，也可以是群体。

（2）决策目标。解决决策问题所希望达到的目标，可以是单个目标，也可以是多个目标。

(3) 决策方案。解决决策问题、实现决策目标的具体措施和方法。

(4) 决策准则。评估决策方案的价值标准，也是选择决策方案的依据。

(5) 自然状态。决策问题所处的客观环境的各种状态，反映了决策者对于客观环境的认识。自然状态可以是确定的，也可以是不确定的。决策者根据以往经验和知识的积累以及认知能力的提高，掌握或者预测客观环境的各种自然状态。

第二节 管理决策类型

一、结构化决策与非结构化决策

按照对决策问题的认识过程，可以分为结构化（或程序化）决策、非结构化（非程序化）决策。结构化决策是指决策问题经常出现，人们基于对问题的充分认识和过往解决经验的积累，已有既定的方法、程序或过程解决的一类决策。它们通常是重复出现的常规决策。非结构化决策是指决策问题很少出现(甚至是“新”的)，人们缺乏对问题的认识，也没有过往的经验可循，需要依靠决策者个人能力解决的一类决策。当然，在整个过程中也会包括一些结构化的程序，但是如何把它们整合起来解决新问题，则需要决策者解决问题的能力和技巧。决策者只能依靠一般解决问题的方法和技巧，尽量缩短与特定问题的鸿沟。这样一来，决策结果往往并不理想。但是，如果这个问题重复出现，就可以积累经验、提高认识，逐渐形成针对这类问题的特定的解决方法。于是，一般解决问题的方法和技巧逐渐被特定的解决方法所取代，问题则由非结构化问题逐渐变为结构化问题。

引用一个简单例子来说明这个过程。假设我们在森林里，需要一张桌子来野炊，那么怎样来解决这个问题呢？首先，我们可以把问题描述为我们需要一个木制的桌面，周围有各种树木和一些砍伐工具。下一步我们会想：我们所需要的与我们所拥有的之间的差距是什么？树是长在地上的高高的、圆柱形的木头，桌面是可移动的、表面平整的一块木板，所以，在大小、长短、形状等方面都有差距。然后我们会想：有什么工具可以减少这些差距？例如，怎样把树从地上拔起？我们有斧子，可以用斧子砍下一棵树，解决了第一个子问题——将生长在地上的物体变成了可移动的物体。这样，我们可以继续用锯子修改尺寸，将这个可移动物体截短成一个木板，最后打磨表面，将这块木板的表面磨平、抛光。通过这个例子，可以归纳出解决问题的一般过程：树立问题目标，检查目标与现实的差距，寻找用来消除这些差距的工具，使用工具消除差距从而实现目标。每个问题都可以分解为多个子问题，对它们逐个解决，最终实现整体目标。从这个意义上来说，非结构化决策过程就是把问题简化成一系列结构化决策问题解决的过程，当原目标与简化后的目标差距太大的情况下，决策结果不理想，当原目标与简化后的目标差距不大，甚至没有差距，则决策成功。对问题的理解、判断、认识不同，不同的决策者可能会对同一问题进行不同的分解。同时，经验丰富、知识渊博的决策者容易找到更多更好的工具，使目标差距降到最低。所以，非结构化决策依赖于决策者的判断、直觉、创造力、经验，这些决策技能可以通过训练和学习得到提高。

在现实世界中，决策问题的划分并不呈现两极化，而呈现出连续分布状态，结构化决策与非结构化决策分别是两种极端状态，大量的决策都处于中间地带，属于半结构化（半程序化）决策，没有常规的解决方法，但是可以借鉴相关问题的思路、方法或经验，通过多次实践，随着对决策问题的深入认识和经验的积累，最终决策问题变成结构化决策问题。

二、确定型决策与不确定型决策

决策问题按照其所处客观环境的自然状态可以分为确定型决策、风险型决策、不确定型决策。其中，当决策问题处于确定性的客观环境中，即只有唯一一个自然状态，对于环境的变化、问题的发展都确定的情况下，每个备选的决策方案只有一种结果，这类问题称为确定型决策问题，通过比较各方案的结果可以选出最优方案。当决策问题所处的客观环境较为复杂，呈不同频率分布的多个自然状态时，每个备选方案可能产生多个不同发生频率的结果，选择任何一个备选方案，都承担着其他可能性的风险，这类问题称为风险型决策问题。当反应客观环境复杂性的自然状态的发生频率都无法获知时，这类问题则称为不确定型决策问题。此时，每个备选方案随环境产生不同的结果，但因为对于环境状态的分布所知甚少，决策者无法预测或估计各种方案结果的出现频率。

对于不确定环境下的决策问题，最直接的方法是忽略掉不确定因素，将问题简化为确定性决策。这样，在具有确定性的环境下，决策简化为选择可行方案，从而实现最大化价值（收益）。不管是选择最小成本的投入，还是选择最短路径的路线，最优决策在具有完全确定性的条件下是非常直接明了的：计算每种可行方案的价值，找出最优的方案付诸行动。然而，对于决策者来说，对复杂、不可预知的客观世界进行严格确定性的简化，无疑是具有局限性的。随着概率论的提出，用概率来量化不确定性，估计具有不确定的未来事件的可能性，人们开始研究部分不可预知的客观世界。人们通常不知道将来会发生什么，不知道抛起的硬币落地后是正面朝上还是反面朝上，但是可以用概率理论来模拟这类事件。同时，对于过去事件的可能性也能基于概率理论进行估测。例如，在短时间内，连续6次对木星的地平纬度进行测量，从而得到6个不同的值。毋庸置疑，木星有唯一地平纬度，但是却得到了6个并不完全准确的值，且各不相同。那么，哪个才最可能是木星真实的地平纬度呢？根据概率论，如果知道了天文学家的仪器的误差分布，就可以在数学上推出最可能的木星的真实纬度了。需要指出的是，木星一定有一个确切的纬度值，对其测量的不确定性仅仅源于人类认识的不足，也就是认识论上的局限性。所以，决策中的不确定性既包括偶然事件的不确定性，同时也包括认识论上的不确定性。对未来事件的不确定与对过去事件的不确定统一于概率论，前者可以用先验概率来描述，后者则可以用后验概率来描述。贝叶斯定理的提出则解决了对于后验概率的最优估计，从而把认识论上的不确定性减少到最低水平。

随着对不确定决策环境的深入认识，下一步则需要考虑评估方案的量化值。预期价值理论，还提供了确切的数学方法，将未来结果出现的概率与其价值结合起来，将其用于决策过程，从而选出可产生最大化预期价值的可行方案。当然，随着认识的深入，逐渐开始对决策过程中的价值进行细分，提出心理价值的概念即效用，并利用效用函数来表示这种心理价值的变化规律。随着心理价值与数学价值的区分及其关系研究（即效用函数）的深入，人们认识到在决策过程中，通常依赖的是预期心理价值，而不是预期数学价值进行分析。这样，利用概率论和效用函数等数学工具，人们就可以处理不确定环境下的决策方案的选优问题。

三、单目标决策与多目标决策

按照决策目标个数，决策问题可以分为单目标决策与多目标决策。多目标决策是导致决策复杂的一个因素，多个目标之间通常相互联系又相互制约，甚至是既相互矛盾又对立，决策者需要在多个目标之间进行综合协调，以平衡冲突。

四、静态决策与动态决策

按照决策的时间维度划分，决策问题可以分为静态决策（也称单阶段决策）与动态决策（也称多阶段决策或序贯决策）。静态决策问题出现在某个时间点（或段）上，问题的解决也在相应的时间点（或段）上。而动态决策问题则出现在多个时间点（或段）上，不同时间点（或段）的子问题互相联系，前一时间点（或段）的子问题会影响后一个子问题。动态决策是解决这些问题的互相关联的一系列子决策，决策者需要考虑决策的全局最优性，而非单个子决策的最优性。全局与局部的矛盾也是导致决策复杂的一个因素。

当然，在现实世界中，管理活动是复杂多变的，所以管理决策按照不同的划分标准，也有多种分类。例如，还可以按照决策主体分为个人决策与集体决策，按照决策的影响范围和程度分为战略决策与战术决策等。

第三节　决策分析定量方法

决策方法按照对问题的量化程度通常可分为两大类：定性分析方法与定量分析方法。定性分析方法主要指决策者对问题的主观判断，这种判断力来自于决策者自身的知识、经验、逻辑推理能力，它包含了决策者对问题的直觉，故而更“艺术”而少“科学”。如果决策者已有类似问题的经验，或者问题相对简单，则可侧重于定性分析。但是，如果决策者缺乏相类似经验，或者问题是复杂的、模糊的，那么问题的定量分析在决策中就较为重要。

定性方法中的技巧对于决策者来说是与生俱来的，并且可以根据经验的积累而增加。定量方法中的技巧可以通过研究管理科学方法来获得。一般当决策者面临如下情况时，可考虑用定量分析方法：

（1）问题很复杂，没有定量分析的帮助无法找到好的解决方案；

（2）问题特别重要，决策者希望能有一个全面而科学的分析；

（3）新遇到的问题，没有相关问题的解决经验；

（4）重复性问题，常规决策，依靠定量处理可以节约时间和精力。

定量分析方法主要运用定量工具，在历史数据的基础上，建立能够反映问题本质的数量关系，对问题进行模拟分析后，从而作出决策。定量分析模型可以分为两大类：一类是数学模型；一类是仿真模型。数学模型通常由一系列数字、符号、操作符组成，描述了问题的本质特性和内在联系，是对现实世界的一种抽象、简化。在现实世界中，对于某些复杂问题，无法用显示的数学表达式来表示，在这种情况下，对现实问题进行模拟仿真。例如用物理仿真模拟太空环境，用计算机模型模拟动态系统，仿真模型则是分析问题的另一种形式。本书主要侧重于数学模型。

一、决策数学模型分类

按照使用的数学工具，解决决策问题的数学模型可以分为以下四种：

（一）简单初等函数模型

用初等函数建模，可以直接求出精确解。大部分确定型财务决策都采用此类模型，例如盈亏决策分析（或称量本利分析），投资项目评估包括净现值分析、回收期分析等。简单不确定问题的决策分析也都采用此类模型，例如期望值分析，各种不确定决策准则等。

下面以净现值分析法为例。净现值是对投资项目进行动态评价的最重要的指标之一，从经济角度看，一个投资项目方案是否被采用，要看这个项目能否给投资者带来盈利，不能盈利的项目应当放弃。由于投资项目周期一般较长，故计算项目盈利能力必须考虑资金的时间价值，项目盈利能力表现为现金流的净现值。该指标要求考察项目寿命周期内每年发生的现金流量，按一定的折现率 i 将各年净现金流量 F_t （$t=0, 1, 2, \cdots, N$）折现到同一时间点（通常是期初）的累加值就是净现值（NPV）。

$$NPV = \sum_{i=0}^{n} F_t \ (1 + i^{-t}) \tag{2}$$

净现值表示在规定的折现率为 i 的情况下，方案在不同时间点的净现金流量折现到期初时整个寿命周期内能得到的净收益。如果方案的净现值等于零，表示该方案正好达到了规定的基准收益率水平；如果方案的净现值大于零，则表示方案除能达到规定的基准收益率外，还能得到超额收益；如果净现值小于零，则表示方案达不到规定的基准率水平。净现值的表达式就是一个最基本的初等函数，只要知道了相应的 F_t、t、i、n 的值，每个投资项目的净现值可以直接计算得出，从而选择最大净现值的那个项目为最佳方案。

（二）复杂函数模型

复杂函数模型通常涉及描述连续系统的常微分方程、偏微分方程，其中部分模型是很难求出解析形式的解，往往要通过各种近似计算方法（也称数值计算方法）求出具有一定精确度的解。下面以新产品销售的模型为例：

一种新产品进入市场之后，经营者必然要了解产品在市场中的销售量，关心消费者接受产品的速度以及一些市场因素的影响，如广告、促销等影响销售规律因素的影响。Steffens – Murthy 模型（简称 S – M 模型）以不同消费者群体在市场中表现的不同消费行为为依据，建立新产品的销售模型。首先，模型的假设如下：

（1）有关新产品的信息可以分为两类：搜寻型信息和体验型信息。前者是指人们从广告、媒体、光顾商店以及从新商品的说明书中了解和获得的信息；后者是指消费者购买产品和使用产品后，通过体验产品得到对产品的认知信息。

（2）可按照消费者在购买前所需信息的不同分为两部分：一部分消费者有了产品的搜寻型信息就决定购买，称为革新者；另一部分消费者得到了产品的体验信息后才决定购买，称为模仿者。

（3）消费者总体人数为 K，α_1、α_2 分别为其中革新者和模仿者的比例。革新者人数 $K_1 = \alpha_1 K$，模仿者人数 $K_2 = \alpha_2 K$。

（4）搜寻型信息在革新者和模仿者中的传播速度是一致的。

建立搜寻型信息传播模型如下：设 $N_1(t)$，$N(t)$ 为在 t 时刻已得到搜寻型信息的革新者人数和总人数。由假设（3）可得到 $N_1(t) = \alpha_1 N(t)$，考虑到搜寻型信息传播的两类途径，即来自消费者内部的口头传播以及外部的广告宣传，第一种内部传播途径导致购买人数的增量为 $\theta_1 [1 - N_1(t)/K_1] N_1(t) dt$，其中 θ_1 是这种途径下购买新产品人数的净增长率。如果只将这部分信息导致购买人数的增量的因素考虑进去，则通过外部宣传导致的潜在消费者中可能购买的人数与完全不知道这种新产品的潜在消费者人数成正比，即外部宣传导致购买人数的增量为 $\theta_2 [1 - N(t)/K] dt$，其中 θ_2 是第二种途径下购买新产品人数的净增长率。所以，在时间段 dt 内，购买新产品人数的增量为两种途径带来增量的总和，可以得到搜寻型信息的传播方式如下：

$$dN_1(t)/dt = \theta_1 [1 - N_1(t)/K_1] N_1(t) + \theta_2 [1 - N_1(t)/K_1], \quad N_1(0) = N_0 \tag{3}$$

假设模仿者一旦得到产品的体验型信息就决定购买，体验型信息是模仿者通过与已购买使用了该产品的人们直接交流得到的，那么此类促使模仿者购买行动的信息传播方式都是口头的。假设人们在购买产品后需要经过时间 T 才能得出对该产品的评价，并假设绝大多数人购买后感到满意，忽略不满意者，建立体验型信息传播模型如下：

$$dN_2(t)/dt = [1 - N_2(t)/K_2] [\lambda_1 N_1(t - T) + \lambda_2 N_2(t - T)], \quad N_2(0) = N_0 \tag{4}$$

其中，$N_2(t)$ 为 t 时刻购买新产品的模仿者人数，λ_1、λ_2 是大于零的比例系数。当 $t < T$ 时，$N_2(t) = 0$，故方程中 $t \geqslant T$。同时，假设购买产品后对产品评价所需时间 T 可忽略不计，即 $T = 0$，并在体验型信息传播方面，革新者与模仿者的作用相同，即 $\lambda_1 = \lambda_2 = \lambda$。

方程（3）、（4）一起描述新产品在消费者中扩散的过程。这个模型由两个微分方程组成，通过模型求解可以得出 $N_1(t)$ 和 $N_2(t)$，则 t 时刻新产品购买总人数为 $N(t) = N_1(t) + N_2(t)$。由于耐用消费品短期内不会重复购买，故 $N(t)$ 可以看作随时间 t 变化的产品累计销售量函数。

（三）数学规划模型

数学规划模型一般指优化模型，包括线性规划、非线性规划、整数规划等，该模型用来解决交通、网络流、选址分配、投资组合选择、生产计划等寻找最优方案的决策问题。以一个简单的生产计划问题为例，假设一家公司生产 3 种产品，每种产品对原材料的消耗、人工的需求、单位利润及市场需求见表 3－1，公司想知道每种产品应该生产多少个才能够使利润最大化。

表 3－1 问题描述

消耗系数	产品 1	产品 2	产品 3	持有量
原材料（磅/个）	1	2	3	5 000
人工（小时/个）	3	4	2	2 000
单位利润（元/个）	3	2	5	
需求量（个）	560	460	760	

这个问题如果用线性规划模型，就相对比较简单。既然需要找到最优的生产产品配置，那么可以设决策变量为每种产品的产量 x_i，$i = 1, 2, 3$。同时这个问题的限制条件来自于原材料和人工的持有量以及需求量（产量的上限）。则原问题可构建如下的线性规划模型：

（1）决策变量：x_1，x_2，x_3分别为产品 1、产品 2、产品 3 的生产产量。

（2）目标函数：公司的目标是总利润最大化。总利润为三种产品利润的总和，则目标函数为 $\max(3x_1 + 2x_2 + 5x_3)$。

（3）约束条件：

$$s.\ t.\quad x_1 + 2x_2 + 3x_3 \leqslant 5\,000 \tag{5}$$

$$3x_1 + 4x_2 + 2x_3 \leqslant 2\,000 \tag{6}$$

$$x_1 \leqslant 560 \tag{7}$$

$$x_2 \leqslant 460 \tag{8}$$

$$x_3 \leqslant 760 \tag{9}$$

$$x_1,\ x_2,\ x_3 \geqslant 0 \tag{10}$$

这是一个典型的线性规划模型，可以通过单纯形法找到模型的最优解，这里就不再详细介绍求解方法了。

(四) 统计模型

管理决策中一般用统计模型对未来进行预测，例如对需求的预测。常用的如时间序列模型，对数据随时间变化的趋势进行统计分析；回归分析模型，包括线性回归分析、非线性回归分析，对数据及其影响因素之间的因果关系进行统计分析。以简单的一元线性回归模型为例，一家连锁零售公司检查其内部的物流管理，公司拥有一个仓库，希望能深入了解影响仓库成本的主要因素。通常仓库成本受到商品销售的影响，于是公司收集了过去 12 个月的数据（见表 3 -2）：

表 3 -2 仓库成本与销售额

月份	仓库成本（万元）	销售额（万元）
1	54. 8	389
2	70	487
3	82. 04	586
4	64. 82	404
5	54. 87	342
6	70. 84	447
7	54. 12	354
8	72. 64	502
9	64. 14	397
10	85. 67	578
11	92. 15	629
12	57. 6	427

首先观察这些数据，可以发现仓库成本随销售额的变化而变化，而且呈现线性正相关，所以假设两者间的关系可以用一元线性回归模型表示：

$$inventory\ cost = a + b \times sales \qquad (11)$$

对过去 12 个月的数据进行计算，可以得到模型（11）中参数 a 与 b 的估计值分别为8.9与0.13。因此，得到回归模型为：

$$inventory\ cost = 8.9 + 0.13 \times sales \tag{12}$$

下一步则是验证是否存在显著的线性关系，是否可以通过销售额预测仓库成本，也就是验证两者之间的线性关系有多强。回答这些问题，一方面可以通过假设检验来完成，构造如下待检验假设：

H_0：$b=0$，即仓库成本与销售额之间不存在线性关系。

H_1：$b \neq 0$，即仓库成本与销售额之间存在线性关系。

通常用 F－检验（或者 t－检验）来进行检验，在这个例子中，这两种检验结果都是拒绝假设 H_0，所以可以得出仓库成本与销售额之间存在显著的线性关系，具体的关系由等式（12）描述。回答两者之间线性关系强弱的问题，另一方面还可以通过统计量 R^2 来衡量。这个例子中，经过计算统计量 $R^2=0.93$，这就意味着仓库成本变化的93%可以用销售额来解释，也就是说回归模型（12）较好地描述了两者之间的关系，已经不需要其他的变量来解释仓储成本。所以仓库成本的预测可以通过回归模型（12）来进行，只要知道了销售额，那么就可以估算出当月的仓库成本（见表3－2）。

二、数学模型的应用

决策中的数学模型的应用过程可大致描述如下。

（一）建模准备

在确定需要解决的决策问题后，在充分了解问题目标和要求的基础上，搜集相关数据和资料，并进行初步处理。对有关资料、数据进行必要的量化处理，对概念性的、抽象的资料具体化、数据化，检验数据的合法性和有效性。

（二）数学建模

现实世界中的问题都是错综复杂的具体问题，数学模型的建立则是突出问题关键、简化旁枝末节的过程。要准确把握问题的本质，需要省略掉那些非本质的次要因素。设定模型假设条件可以帮助对实际问题进行必要的简化，有了这些假设，就可以在相对简单的条件下，弄清楚各主要因素之间的关系。模型假设的设定必须是合理的，不能过于简化问题，否则模型的应用受到限制，无法将模型应用到现实世界中解决实际问题。在模型假设的基础上，对具体问题进行抽象，用规范的数学语言描述问题，即构建数学模型。一个基本的数学模型包括以下要素：决策变量，通过变量的取值可以确定决策方案，与决策方案是一一对应的关系；参数，用来描述问题的一些常数，反映已知的数据和信息；约束条件，用决策变量、参数以及数学操作符来描述问题的实质，通常反映问题的内在变化规律、决策问题中的各类限制条件；准则函数（或目标函数），用函数形式描述的决策准则。建模中可用到的数学工具包括数学规划、博弈论、概率统计、随机微分方程等。数学建模是用数学工具抽象客观世界事物原型用以分析、研究并解决实际问题的一种科学方法。运用这种科学方法，必须从实际问题出发，遵循从实践到认识再到实践的认识规律，运用观察力、想象力的抽象概括能力，对实际问题进行抽象、简化，反复探索，逐步完善。数学建模也是一门艺术，并没有固定的形式和方法，同一实际问题可以构造出不同的数学模型。一般而言，在能够达到建模目的并保证计算精确度的前提下，数学模型力求简单、易解。

（三）参数估计

参数是在模型运行时用来描述问题的一些常数。对于一个特定的问题实例，参数的取值是不变的。不同的参数取值反映对于抽象问题的不同实例化。参数值的准确度直接影响模型的质量。数学模型建立后，参数值的估计一般从收集的历史数据或实验数据中用统计方法进行估计。

（四）模型求解及分析

不同的数学模型要选择或设计不同的算法和方法求解，有些模型可以用数学推导求出解（通常为最优解），例如数学规划模型包括线性规划模型、整数规划模型等。有些模型的解则无法通过数学推导得出，例如大部分的随机偏微分方程模型，可以用一些数值计算方法找出近似解。一般来说，求解的计算时间与模型的规模相关，随着模型实例化后参数、变量的增加，数值的变大，计算所需的时间会越来越长。计算时间如果与模型规模之间呈指数关系，即计算时间随模型规模的增加呈指数级增加，那么一旦模型规模稍有增加，则很难在合理的计算时间用合理的计算资源找到模型的解。

当然，建模总是希望既能建立起一个可以准确描述实际问题的准确模型，又能够对其进行求解。如果在建模时一味追求模型的准确性和真实性，那么最终的模型很可能非常庞大和繁杂，很难对其进行求解。在这种情况下，可以考虑选择那些简单的、易懂的且可以求解的数学模型，即使这种模型只能得到一个近似的最优解。

对模型的结果进行分析，主要包括稳定性分析、参数的灵敏度分析、误差分析等。通过分析，对模型质量进行评估，检验模型是否稳定、计算结果是否可靠、模型设计是否合理。如果出现问题，需要修改建模假设或重构模型，直到符合要求。

第四节 定量方法的局限性

定量分析方法的依据充分、客观性强，反映了决策的科学性。然而，数据资料收集的困难、环境的不确定、认识能力的局限等因素，也会影响决策质量。特别是在决策过程中数学模型的使用，无可避免地存在以下一些局限性。

（1）模型假设合理性。所有数学模型都有其构建的假设前提，这种假设前提的设立是对现实复杂问题的一种简化。即便只是简化掉一些非主要因素，也会导致模型与现实环境的差异。例如假设处于白色噪音（White Noise）环境，假设所有数据都是准确无误的。一旦假设条件与现实环境偏差过大，从应用的角度上，模型已经失去进行决策分析的意义。也就是说，因为应用条件的差异，数学模型无法运用于现实世界，解决实际问题。所以，控制模型假设的合理性是在决策过程中应用数学模型要解决的第一个难题。

（2）参数估计。参数值的估计一般是通过对收集或观察的数据进行统计分析后估算出的。然而，因为认识能力的局限性，或者外部环境的不确定性，收集的数据可能会出现偏差，导致采用了不精确甚至有误的参数值进行模型分析和计算，最终影响决策方案的选定。在无法大幅度提高认识能力或者缺乏对不确定环境的处理能力的情况下，解决参数值偏差这一局限性的基本思路是加强对模型的敏感性分析，掌握决策方案随参数值变化的变化情况，尽量保证决策方案的稳定性，即参数值在小范围波动时，方案结果不会发生大幅度的变化，能够保持稳定。

（3）数学计算。有些模型规模过大，算法无法在合理的时间内对模型求解，只能得到次优解。有些数学模型本身就无法求解，只能用近似解替代。这些都是模型求解中存在的数学问题，导致无法找到最优方案，最终影响决策质量。

（4）运用结果对数学模型求解并找到最优解后，决策问题的最优方案也随之产生并被实施。数学模型的最优解通常表示为精确数值，但是在现实的应用中，很难保证对问题的处理达到数值上的精准，会出现一定程度的误差。这种由于实施过程带来的误差尽管有理论上的最优方案，最终也会影响决策结果。

第五节 非常规突发事件的应急决策

本书讨论的应急决策主要侧重于事件发生后应急处置与恢复重建的决策，即灾难事故突然发生后，收集灾难事故信息，明确应急工作的问题和目标，拟订各种备选方案，运用相关决策理论和方法，进行必要的判断、分析和评价，选择一个最优（或满意）方案实施，并不断进行跟踪检验，及时调整和完善应急决策，直到实现应急目标。非常规突发事件本身决定了决策问题的非常规性，即问题不常出现，或者几乎没有出现过，缺乏处理问题的经验、程序和规则。面对非常规的应急决策问题，决策者仅凭自己的知识、经验、判断甚至直觉，会加大决策风险。对于应急决策理论、方法的研究和讨论，能够帮助决策者在错综复杂的客观环境中，理清思路，抓住关键，提高决策的科学性，降低决策风险。

一、应急决策的特征

非常规突发事件的应急决策有如下主要特征。

（一）高风险性

应急决策的高风险主要来自于信息缺失，导致信息缺失的原因是多方面的。灾后环境的复杂，可能导致信息无法及时获取。例如在2008年汶川地震中，地震中心汶川县城的电力、通信、交通等基础设施系统的一度中断，导致受灾情况直到第一支救援部队到达后才陆续传出，此时距离地震发生已超过24小时。然而，应急救援的相关决策，例如救援部队的部署、分派，救援物资的运送、发放，医疗药品、器械的供应等涉及灾民生命财产的救援决策无法等到24小时后，而不得不在灾情不明了的情况下做出，从而加大了决策风险。由于对突发事件本身的认识不足，缺乏问题发生、发展的相关信息，也是导致应急决策高风险的另一原因。例如，2001年10月美国爆发的炭疽热危机，在这次危机中最主要的两个难题之一就是“有些问题，医疗和公共卫生部门也不知道答案。炭疽热是非常少见的一种疾病，没有人知道炭疽热孢子如何通过邮件传播”。在对病毒及其传播机制所知甚少的情况下，制定应对措施保护生命安全，无疑是高风险的决策。如何控制应急决策的风险，增强应急决策的鲁棒性是应急决策风险管理的核心。

（二）高时效性

对于灾后的应急工作，有诸如“地震救援黄金72小时”类的专业要求，也有如国家民政部提出“救援物资24小时到位”的行政要求。灾后人员、物资、信息的时效要求，是应急决策高时效性的表现。同时，非常规突发事件影响的超常态，影响范围广，造成损失惨重，时间就是生命的残酷现实，给决策者带来强大的时间压力，要在有限的时间内迅速做出决策。而且，灾难事件是一个不断发生、发展、演化的动态过程，灾难环境瞬息万变，决策者需要在短时间内，甚至是在信息缺失的情况下，迅速制定措施和方案并付诸实施，对于新出现的问题及时进行应对。

（三）非结构化

非结构化决策是某种程度上新的、非结构化的、通常会导致重大影响的决策。它们没有既定的解决方法，或者是问题本质上或结构上的复杂难懂，又或者决策问题非常重要需要特殊处理。非常规突发事件的应急决策就是一个典型的非结构化决策。例如2001年美国“9·11”恐怖袭击事件、2003年中国的“非典”公共卫生事件、2004年印度洋沿岸的海啸等，没有过往的类似经验，对于这类“新”问题，“旧”程序、“旧”模式无法适用，决策不仅依赖决策者的判断、直觉、创造力和经验，同时需要定量方法的支持。

（四）多阶段动态决策

复杂灾难的一个重要表现为各种次生问题和连锁反应。例如2008年年初中国南方的冰雪灾害，持续的低温、雨雪和冰冻造成输电线路覆冰，电塔倒塌，交通运输中断，电煤输入困难，电能供应不足甚至中断，电力牵引机车停运，铁路交通受到严重影响，旅客滞留；2003年美国、加拿大东北部的大停电，一个变压器的损坏，却最终影响了美国东北部和加拿大东部地区，包括自来水、铁路、航班、加油站、通信系统都受到严重影响，还有大量的工厂不能正常工作。所以非常规突发事件的应急决策是一个多阶段、动态决策过程，在事件的发生、发展、演化的不同阶段，影响因素各不相同，存在大量的不确定因素，牵一发而动全身，要求决策者能够把握全局。

（五）多目标

在应急决策中通常要考虑多个目标。例如成本最低、时间最短、资源最少等，这些目标本身又相互制约，甚至相互矛盾对立，因而需要根据决策过程的着眼点的不断变化，在多个目标之间进行综合协调，平衡冲突。

（六）多方参与的复杂性

对事件的应对涉及应急工作的机构、组织、人员众多，包括负责一线救援的消防、警察、武警、解放军以及专业救援人员，负责组织协调的各级政府机构、应急管理部门，加入应急工作的企事业单位、机关团体、志愿者组织等，要充分利用和发挥各应急专门指挥机构、人员、设备、物资、信息等的作用，实现统一指挥和调度；及时收集信息，掌握突发公共事件动态，建立健全、精简、统一、高效的组织领导和指挥体系，确保快捷有效地处置突发事件，对应急决策的质量提出了更高的要求。

二、应急决策研究

按照研究对象划分，一部分研究主要集中在应急决策理论模型上。例如Cosgrave基于Vroomand Yetton决策过程模型构建了一个名为“应急管理者决策集”的理论模型，建议决策者依据决策问题的特征采用不同的授权对事件进行处理。Klein将军事战斗的经验决策模型引入应急决策之中，允许下属在充分理解任务和目标的情况下，根据经验对当前环境进行评估并找到类似的应对方法，修订行动方案。还有一部分研究则集中解决具体的决策问题，例如应急设施选址规划、救援资源的分派、人员疏散、撤离安排、突发事件中的交通规划等贯穿于应急管理全过程中的决策问题。

按照研究方法，在应急决策的定量研究中，目前国内外的研究都广泛应用运筹学的方法，包括规划模型、风险模型、博弈模型、仿真模型等。

（1）优化模型。基于优化模型的应急决策研究在应急资源的优化配置领域应用较多，例如应急设施选址、突发事件救援车辆的分派问题、有毒物质泄漏处置问题、关键基础设施恢复问题、最小风险路径问题、连续多级的应急决策问题等。

（2）风险管理。利用风险管理的方法研究应急决策的风险模型，例如对核泄漏事故的人员撤离决策进行效用分析和敏感性分析、将贝叶斯决策理论应用于核事故中晚期应急决策优化研究，通过随机规划方法（概率模型）解决数据不确定问题，包括应急医疗服务设计、应急服务车辆分派问题、防洪物资储备问题等。

（3）博弈论。将博弈论方法也引入应急管理中，如在动态博弈模型的框架下讨论“危机事件”与“危机管理者”之间的动态博弈过程，利用“动态博弈网络技术”研究资源优化配置等问题。

（4）仿真和信息技术。例如有毒气体污染后的及时仿真决策模型、人群聚集和疏散的计算机仿真、海上石油钻井平台的人员逃生仿真模型、火灾事故的综合应急模拟、地铁系统火灾事故模拟等。

同时，还可按照突发事件特征对应急决策的研究进行梳理（见表3－3）：

表3－3　基于事件特征的应急决策研究框架

事件特征	研究重点	关键研究方法
多因素、多阶段	非常规突发事件因素分析及发展演化机理研究	因子分析、文献分析
多因素、复杂性	非常规突发事件多属性智能应急决策研究	多属性决策法、人工智能技术
多阶段、动态性	非常规突发事件多阶段动态应急决策研究	动态规划法、计算智能技术
多目标、多主体	非常规突发事件多目标群体智能应急决策研究	多目标规划法、智能多主体技术
复杂性、不确定性	非常规突发事件不确定性多属性应急决策研究	不确定性理论、模糊智能技术

第四章　关键基础设施系统应急恢复（一）

本章主要研究应急恢复中的关键问题：关键基础设施系统的应急恢复。关键基础设施是指那些一旦失效或者损坏将会影响国家和经济安全的设施，包括供水、供电、供气、交通、通信等。关键基础设施系统的正常运行对于维护国家安定、保障公共健康和安全、促进经济繁荣至关重要。然而，随着通信技术和计算机技术的高速发展，社会需求的增加和细化，支撑社会基础功能的基础设施自身也日趋复杂，其复杂性的一个重要表现就是系统之间的关联。一旦某个“部件”出现问题，这种关联关系会将问题迅速扩散到其他“部件”，产生连锁反应，引起其他“部件”的失灵。例如 2008 年年初中国南方的冰雪灾害，持续的低温、雨雪和冰冻造成输电线路覆冰，电塔倒塌，交通运输中断，电煤输入困难，电能供应不足甚至中断，电力牵引机车停运，铁路交通受到严重影响，旅客滞留。再如 2003 年美国、加拿大东北部的大停电，一个变压器的损坏，却最终影响了美国东北部和加拿大东部地区，包括自来水、铁路、航班、加油站、通信系统都受到严重影响，凸显其脆弱性。如何正确认识关键基础设施系统的复杂性和脆弱性？如何加强应急决策的科学性？本章以关键基础设施系统的应急决策作为切入点，用系统的思想和方法，去分析系统内部各要素之间的结构和联系；从全局出发，设计决策模型，综合平衡，全盘规划，统筹兼顾，加强各部门在应急处置中的协调与合作，有助于减少灾难损失、增加社会稳定因素。增强关键基础设施在非常规事件中的恢复能力。

第一节　关键基础设施系统简介

关键基础设施是整个社会正常运行的基础。随着社会的进步、科技的发展，社会需求的不断增加和细化，也对基础设施系统提出了更高的要求。

今天的电子金融系统建立在计算机和通信系统支持的电子支付网络上。现金、股票、债券等金融工具通过这些电子网络在投资公司、银行、证券交易所、各类市场之间进行交易。以美国为例，其金融主干网由三大网络组成：Automated Clearing House Network，Fedwire 和 CHIPS，通过用高速电话专线连接全美的 10

个金融数据处理中心。金融系统对于基础设施系统的依赖也导致了其脆弱性。2001 年的“9·11”恐怖袭击中，世贸大厦的倒塌中断了下曼哈顿地区的通信系统，那些埋在地下的通信线、光缆都被毁坏，整个电子交易系统瘫痪。客户无法查询其账户信息，交易员无法知道交易是否成交，对于整个金融系统的影响到事件发生一年后还在持续。

同样，企业的高速有效的运转也依赖交通、通信等基础设施。例如很多生产企业采用的内部管理模式——准时制（Just In Time），要求将必要的原材料、零部件以必要的数量在必要的时间送到特定的生产线生产必要的产品，保证生产过程中的原材料、零部件以及制成品能高效率地在各个生产环节流动，缩短物质实体在生产过程中停留的时间，杜绝产品库存积压、短缺和浪费现象，从而提高对客户的响应时间、实现零库存生产、降低成本。这种管理模式对即时通信、交通畅通要求很高。以福特公司为例，2001 年“9·11”事件后，出于安全考虑，美国关闭了其与加拿大、墨西哥的边界，导致福特公司用于生产组装的零部件被阻挡在边界线外，不得不关闭其生产线。

为满足日趋复杂的社会需求，关键基础设施系统不断发展，其重要特征表现为关联性，各个基础设施并不是独立运行的，而是密切相关的，形成一个互相依赖、共同运作的整体（见图 4－1）。

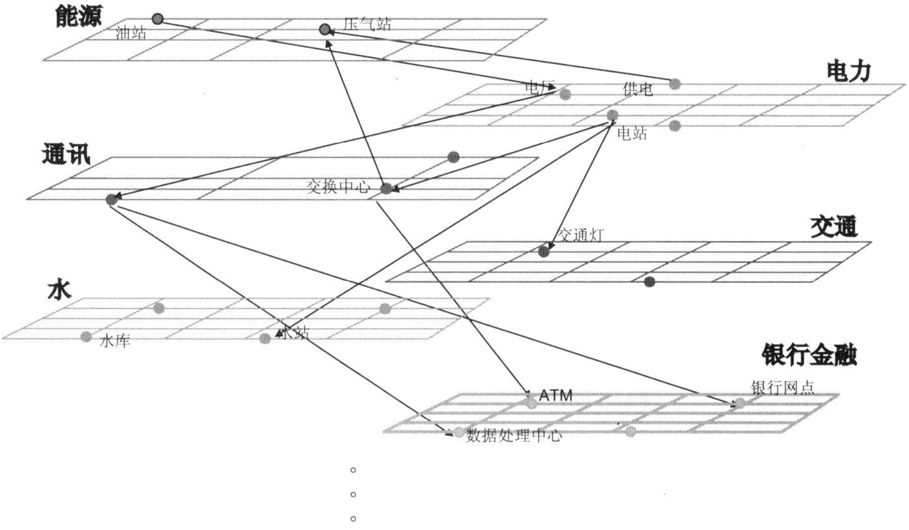

图 4－1　相互关联的基础设施系统

整个互相关联的基础设施系统由多个部分组成，其中的任何一个区域、任何一个角落甚至任何一个部件出现问题，都有可能扩散到整个系统，这也是系统的脆弱性所在。对于这个系统的打击可能来自于各种传统的自然灾害和事故灾害。例如2004年的印度洋海啸，2008年的中国汶川地震，2011年日本地震引起的核事故危机等，同时还可能来自于新型的由恶意计算机病毒导致的灾害（Cyber-disruptions）。这种计算机攻击通过感染网络中的计算机或者供电、供水、通信、交通网络中的数字设备造成网络瘫痪，恶意关闭服务器，破坏数据，控制轨道开关，操作各类管道设施。这类攻击造成的影响范围广、覆盖面可能很宽。例如，2001年夏天，名为“红码”的病毒造成整个互联网的中断；2003年春天，5个互联网中心遭到病毒袭击，造成部分往来大西洋的互联网和电话服务中断，美国银行的大约13 000个自动取款机失灵。所以，随着社会和经济生活越来越依赖于计算机网络，这类计算机攻击用一个键盘可能会比用一枚炮弹造成的破坏更大。这些自然灾害、事故灾害甚至计算机攻击对基础设施系统造成破坏，中断其服务，影响范围甚至可以扩散到与事发地相距千里的地方，影响时间会持续数年。

关键基础设施系统的复杂性和脆弱性，非常规突发事件本身决定了灾难的不可预测性和无法避免性，这些都对应急管理工作增加了难题。如何帮助管理者在错综复杂的环境里，制订及时有效的应急方案，迅速恢复关键基础设施系统的基本功能，保障在此之上的各项应急救援工作，尽量减少灾难造成的损失，是本章要讨论的主要问题。本章从决策分析的角度研究基础设施系统的应急恢复，提高系统应对各类重大突发事件的能力，帮助建立弹性的（Resilient）关键基础设施系统。系统的弹性（Resilience），通常定义为系统从不可预测和无法避免的破坏中恢复的能力。建立弹性的系统这一理念已经成为近年来在灾害应对研究领域的一个重要的研究课题。通常，衡量系统弹性的一个重要指标就是恢复速度，即克服灾难带来的破坏，恢复生命财产安全以及经济稳定的速度。

可以将关键基础设施系统的恢复过程简单地描述为如下五步：①确定灾情及影响范围；②制订恢复方案；③统计可用的应急恢复资源；④如果可能，分析应急恢复方案的成本和预算；⑤制定实施计划。

第二节　关键基础设施系统建模

如前所述，今天的基础设施系统已经发展到由多个子系统组成的有机体，它们之间互相依赖、互相影响、协同运行，共同形成一个城市或地区正常运行的基础，常常被称为城市的“生命线”。对此系统用系统的思想和方法建模，不仅要反映各子系统自身的运作情况，同时也不能忽略子系统之间的关联关系。这种关联关系对整个系统的管理和维护都提出了新的挑战，需要适当利用数学建模、仿真等分析工具，对系统在各种情景中因为关联关系可能导致的后果和影响采取有价值的、前瞻性的分析和建议。所以，关联性是关键基础设施系统建模中需要着重考虑的。

在突发事件中，系统的破坏一方面来自各种不可抗拒的自然的、技术的和人为的灾难，另一方面是各个子系统之间的关联关系所造成的连锁反应，使得破坏具有明显的扩散性和传染性。在正常状态下，各子系统似乎是“独立”运行的，而事件发生后，平衡一旦被打破，关联性的影响迅速表现为各种连锁反应。所以基础设施系统模型应该能够明确地反映以下三个方面的内容：①各子系统内部的运作情况；②子系统之间的关联关系；③捕捉关联关系造成的连锁反应。

一、网络结构

本节采用互相关联的多层网络（ILN，Interdependent-layered Networks）来对关键基础设施系统建模，这个网络是由逻辑相连的多个平网组成，每两个平网之间没有网络流的连接，只有逻辑关系。

传统的网络拓扑结构可以分为两大类：一类是平网络，即单层网络；还有一类是分级网络。分级网络可以是多层网络或多级别网络。在多级别网络中，节点被划分为不同的级别，每条弧只能承担某一级别的流量。这类网络的数学模型可以看作是固定费用（Fixed-charge）网络流模型的扩展，只需要在固定费用网络流模型的基础上对所有参数、变量和约束条件增加一个代表级别的索引。多级别网络设计问题一般为以最优的方式选择一个互相连接的弧的集合，并且为每条弧指定一个级别，让所有的不同级别的节点都可以在相应级别或更高级别的弧上通信。对于这类多级别网络设计问题，一般可以采用基于对偶问题算法、探索式算法、分支切割等各种解决混合线性整数规划问题的算法。

多层网络是一类特殊的多级别网络，被广泛用在通讯网络的建模中。它由多个子网组成，每个子网都建立在另一个网络的顶部，为一个由下到上的层级。每一个层级的子网都有其自己的技术和协议，不仅有对内的通信同时还有对外的通信，各个层级的子网之间有网络流的流入流出，即网络流可以在各个层级之间流动。一般的处理方法是上一层级的流量作为其下一级的网络流需求。

从网络拓扑结构的角度来看，互相关联的多层网络作为一类特殊的多级别网络，与一般的多层网络有所不同。首先，各层网络之间不区分级别的高低；其次，各层之间没有网络流的流动，即只在各层网络的内部存在网络流；最后，各层级网络之间只存在逻辑关系。与此网络结构类似，近年来有学者提出“超级网络”的概念框架来研究复杂网络的静态和动态平衡状态，将诸如交通、通信、物流、金融等网络纳入超级网络的框架内，不过对于网络的拓扑结构并没有进行说明，还停留在概念模型阶段。

二、相互关联的多层网络流模型

关键基础设施系统的互相关联网络模型可描述为每一层网络表示一个基础设施子系统，其系统内的运作可以通过传统的网络流模型表示；各层网络之间互相关联，这种关联反映的是逻辑关系而非物理连接。这样通过逻辑关系的数学模型来表示子系统间的关联关系，相应的连锁反应也将清晰地表示出来。此模型可视为传统网络流模型的扩展，将关联关系引入传统的网络流模型，使其能够进行复杂系统的建模。传统网络流模型可以看作此模型的一个简单特殊情况，当研究对象只有一层，或者只考虑一个独立的子系统，例如电力系统，则简化为独立的单层网络，即传统的网络流模型。

针对关键基础设施系统的研究，从国外学者的研究来看，Gursesli 和 Desrochers 通过 Petri Nets 的关联矩阵来捕捉基础设施系统间的关联关系，将每个基础设施系统模拟成网中的一个节点，这样系统之间的关联关系就被模拟成连接各个节点之间的连线。他们的研究在强调关联关系的同时却过于简化每个系统的内部运作，缺乏对于每个基础设施系统内部运作情况的把握。Haimes 和 Jiang 设计了一个基础设施系统的 Leontief-based 模型，该模型的输入可以是任何意外、自然灾害或突发事件，输出是系统失败的风险，通过风险模型的分析，帮助决策者更好地捕捉基础设施系统的潜在风险，从而采取相应的措施来预防风险。该研究侧重于基础设施系统的风险分析，更多地应用在备灾方面。Zhang 和 Peeta 等人提出了一个基础设施系统的动态多层网络流平衡模型，侧重于与交通相关的数据，如汽车流、城市货运流和交通容量数据之间的关联关系。该模型是基于平衡状态下的网络分析，并没有考虑一旦因为突发事件造成网络的平衡状态被打破时如何应对，而这恰恰是基础设施系统的应急管理中要解决的主要问题。同样的问题还出现在 Nagurney 的研究中，Nagurney 提出了“超级网络”（Super Networks）的概念来模拟整个社会系统，也包括基础设施系统，但这只是对于基础设施系统在平衡状态（或是常规状态）下的研究，超级网络模型的应用前提是整个系统处于平衡稳定状态，并不适合于突发事件状态。

国内学者关于基础设施应急管理的研究有其他的一些角度。李志强等采用复杂网络和 Agent 建模方法构建了国家关键基础设施网络综合仿真模型。刘晓等针对关键基础设施安全问题，采用系统工程的方法，建立了网络化系统的体系结构及相关视图模型。李鹏等利用无效果投入产出模型研究重要基础设施的相互依赖性，利用依赖性指标和影响增益指标评价相互依赖性造成的影响。韩传峰等运用动力学构建基础设施系统的长效型模型，进行政策实验，主要考虑其与外在环境的耦合关系。

本章中的模型是将关键基础设施系统作为一个整体研究，分析其内在的子系统之间的关联性。同时在非平衡状态下研究关键基础设施系统，即研究非常规突发事件中的关键基础设施系统，而不是研究正常平衡状态下的系统，分析和解决关键基础设施系统的应急决策问题。

二、关联关系分类

在 Rinaldi 等工作的基础上，可进一步研究和细分关键基础设施之间的关联关系，重新归纳为如下几类基本关系：①输入依赖关系：一个系统的正常运行依赖另一个系统的输入。例如，交通系统依赖于电力系统的电力输入，一旦电力中断，没有交通灯的指挥，城市的交通将会陷入混乱。这是基础设施系统中最常见的关联关系。②共享关系：一个系统可以和另一个系统共享某种资源或设备。③互斥关系：因为资源的短缺或者物理上的限制等原因，一个系统不能和另一个系统共存。

以上三种只是最基本的类型，通过一些逻辑操作符的组合，可以表示更复杂的关系。例如电力的中断会影响交通，交通的中断会导致电煤运输受阻，从而影响电力供应，在这种情况下，电力和交通是互相依赖的关系，可以表示为两个相反方向的输入依赖关系的组合。再如随着遥感技术和信息技术的发展，今天的基础设施系统常常受到远程系统的监控，这些信息控制层本身可作为网络层引入，并与其监控的基础设施子系统形成两两的输入依赖关系，即基础设施层的运作依赖于信息层的信息输出。基于这种多层网络流模型的框架，能够表示复杂的关键基础设施系统。

第三节 应急恢复决策模型

一、网络流模型

（一）网络优化模型简介

网络优化问题通常可以分为两大类：网络流问题和网络设计问题。前者寻求以最优的方式将运送物资分配到整个网络中，同时要满足网络中的各种流量限制并实现最优目标，例如最短路径，最大流量，最小费用。网络流模型通过流量对物资在网络中的运动进行建模，寻找流量在整个网络中的最优分布。后者则需要首先对网络结构进行确定，然后再对物资进行最优分配，所以也称为两阶段网络设计问题。

大部分的网络设计问题都是整数规划或混合整数规划问题，例如选址问题、固定费用网络流问题。随着问题的规模增加，这些问题会变得很难求解，需要一些特定的算法，例如常用的分支定界法、分支切割法以及一些切平面及分解技巧。拉格朗日松弛和线性规划松弛在分支定界法中都能对最优值提供较好的下界（对最小化问题），拉格朗日法通过去掉一些复杂的约束条件，设法将它们加入到目标函数中去，从而对原问题进行松弛。而线性规划法则通过去掉变量为整数这一约束条件，从而对原问题进行松弛。网络设计问题的模型可以看作是网络流模型的扩展。在网络流模型的基础上，加入设计变量和相关约束条件，并修改目标函数的相关部分。

基于网络上流动的物资类型，网络流问题还可以分为单商品流问题（Single Commodity Network Flow）和多商品流问题（Multi-Commodity Network Flow）。后者是前者的复杂延伸，需要同时考虑多种不同类型的商品在网络中的分布。可以在单商品网络流模型的基础上，通过对网络流变量引入新的索引来表示不同类型的商品。

（二）网络流模型

运输、指派与转运问题都属于线性规划问题中的特殊分类，常被称为网络流问题，相应的数学模型称为网络流模型。在现实生活中，有大量的网络流模型被用于解决实际问题，例如运输物资、派遣部队、分派任务、配送系统。因为网络流模型数学结构的特殊性，即便是包含成千上万决策变量的大型问题，也可以用计算机在几秒钟内计算出结果来。

网络流问题经常出现在计划货物配送或从某些供给地区到达某些需求地区之间的服务中，特别是供给地区的供给量是有限的，需求地区的需求量是已知的。在供给区和需求区中间，还可以存在一些转运点，允许货物从供给区运到转运点，再到需求区。这类问题中最常用的目标是在满足需求的基础上，使从起点到终点的供给成本最低。

包含转运节点的网络流问题通常可以用一些节点（Nodes）和弧（Arcs）组成的网络图表示，记为 G（V，E），其中 V 是所有节点的集合，E 是所有弧的集合。一般，弧都是有一定方向的，也叫有向弧（见图 4-2），每个供给起点、需求终点以及中间转运点都由节点表示，每个可能的运输线路都由有向弧表示。节点 1，2 为供给点（V_S），节点 3，4 为传输节点（V_T），节点 5，6，7 为需求点（V_D）。决策变量 $x_{(1,3)}$ 表示从供给点 1 到转运点 3 的运输量，也是弧（1，3）上的流量。每一条弧都有其运输成本 c，每一个节点都有其容量约束。对于供给节点，输出的总量减去输入的总量必须小于或者等于该节点的供应容量 b；对于需求节点，输入的总量减去输出的总量必须大于或等于该节点的需求量 d；对于转运节点，输出的总量必须等于输入的总量。网络流问题的一般线性规划模型可表示如下：

$$\min \sum_{(i,j)\in E} c_{(i,j)} x_{(i,j)} \tag{13}$$

$$\sum_{j\in V} x_{(i,j)} - \sum_{l\in V} x_{(l,j)} \leqslant b_i,\quad \forall i \in V_S \tag{14}$$

$$\sum_{j\in V} x_{(j,i)} - \sum_{l\in V} x_{(i,l)} \leqslant d_i,\quad \forall i \in V_D \tag{15}$$

$$\sum_{j\in V} x_{(i,j)} - \sum_{l\in V} x_{(l,i)} = 0,\quad \forall_i \in V_T \tag{16}$$

其中，

$x_{(i,j)}$ 表示节点 i 到节点 j 之间的运输量；

$c_{(i,j)}$ 表示节点 i 到节点 j 之间的单位运输成本；

b_i 表示供给点 i 的供给容量；

d_i 表示需求 i 的需求量。

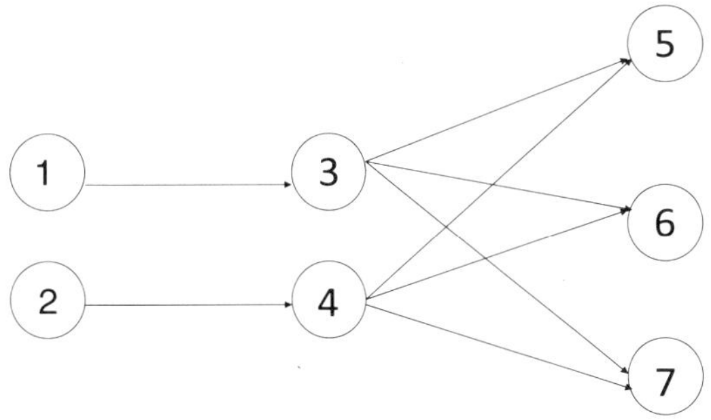

图 4－2 网络流图

实际的网络流问题可以在此模型基础上进行一定的变化。例如对于每条运输弧需要考虑其运输容量，即每条弧上的运输总量都有一个上限；对于转运节点也需要考虑其容量，即输入总量或输出总量不能超过该节点的容量约束；网络中存在一些不可接受的运输线路等。但究其本质，还是基于以上线性规划模型的一些变化。

二、基于 ILN 的应急恢复模型

一旦关键基础设施系统在突发事件中遭到破坏或损毁，决策目标通常都是及时有效地恢复受损系统的基本功能从而保证各项救援工作的展开，应急方案包括架设临时设备、抢修受损设施等。应急决策中要解决的主要问题可简要描述如下：在资源限制的条件下，各系统协同应对，有效恢复受损功能，将应急资源以最优的方式在各系统进行分配，尽量减少灾难带来的损失。所以需要用系统的思想和方法，设计决策模型，坚持综观全局、整体优化的原则，以整体目标为核心进行系统分析，综合平衡，全盘规划，统筹兼顾，加强各部门在应急处置中的协调与合作。

从服务的角度，突发事件导致基础设施提供的服务中断，所以应急恢复即为恢复中断的服务。服务可以是日常用的电力、拨打的一个电话、乘客的一次出行等，通过网络传输满足人们日常的用电需求、通信需求、交通需求等。用网络流模型来表示基础设施系统提供的服务，一旦服务中断，则出现无法满足的需求，从这个意义上来说，恢复服务也就是尽快使无法满足的服务需求减少。当所有的服务需求都能得到满足时，则认为服务已恢复正常，即基础设施系统恢复正常。

基于关键基础设施系统的多层网络流模型，可设计如下的数学模型来抽象表示其应急恢复决策。

$$\min \sum_{i \in I} (c^{i^T} x^i + h^{i^T} y^i) + r^{i^T} s^i + g^T z \quad (17)$$

$$\text{s.t. } A^i x^i + B^i y^i + C^i s^i = b^i, \ \forall i \in I \quad (18)$$

$$\sum_{i \in I} (H^i x^i + D^i y^i + R^i s^i) + Gz = d \quad (19)$$

$$x^i \in X^i, \ \forall i \in I \quad (20)$$

$$y^i \in Y^i, \ \forall i \in I \quad (21)$$

$$s^i \in S^i, \ \forall i \in I \quad (22)$$

$$z \in Z \quad (23)$$

I 是所有网络层的集合。变量 x^i 是在网络 i 中的网络流变量，变量 y^i 是针对网络 i 的应急救援变量，变量 z 用来表示不同的网络层之间的关联关系。目标函数可以是相关的应急决策，例如最小化系统损失，降低系统恢复成本等。第一组约束条件表示在每一层网络内的流量约束，是典型的网络流约束条件；第二组约束条件将相互关联的多个网络层联系起来，即各层之间逻辑关系的数学表达式。

X 属于非负实数集，Y 和 Z 属于非负整数集。最终，X 反映了应急资源在整个系统中的分布，Y 反映了所有的应急抢修任务，Z 则反映了各系统之间的协调合作。

第四节 应用案例

我们将上一节提出的应急恢复模型应用在具体的实例中。此实例为纽约下曼哈顿地区的基础设施系统，包括地铁、通信以及电力系统（见图 4－3 至图 4－5）。其中，地铁系统采用了实际数据，运行在下曼哈顿地区的 6 条地铁线路，总共涉及 115 个站点和 338 个运行区间。美国的电力传输一般是以变电站为中心

图 4－3 下曼哈顿地区地铁系统

通过馈电线向各个区域提供电力，沿馈电线的变压器将电压降为 110 伏或 220 伏提供给家庭和企业。如果变压器出问题，那么相关的家庭和企业就无法得到电力供应；如果馈电线出问题，那么更大范围会受到影响。在下曼哈顿地区，高压传输电首先被降压为 69～123 千伏，然后再降为 13.5 千伏，每个变电站为两个区提供电力，每个区都形成由 8～28 条馈电线组成的小型电网。整个下曼哈顿地区共分为 30 个区，由 15 个变电站提供电力。其中变电站的平均容量为 400 兆伏安，每条馈电线容量约为 15 兆伏安，其上有 20～40 个变压器将电压降为 110 伏

或 220 伏。整个系统可以承受 2 条馈电线中断。一些关键设施，例如医院、电话总机房等，都设计了备用线路确保较高的可靠性能，一些非关键的设施则直接连接到 110 伏或 220 伏电网。地铁的每段运行区间的电力供应都来自于直流整流器，它将 13.5 千伏的交流电转化为 600 伏的直流电供地铁运行使用。每段运行区间有两个直流整流器，每个容量为 3 兆瓦，一般一个就可以提供足够的电源，另一个主要作为备用。每个变电站的服务对象包括大约 17 个电话总机房，支持地铁运行区间的 178 个交流变直流整流器以及区域内的所有民用和商业用电。馈电线上的变压器简化为传输节点，110 伏或 220 伏的电力需求都整合为一些末端需求节点。如图 4－4 所示，整个下曼哈顿区域按照需求分为 1 892 块，其中 33% 是商业需求，67% 是民用需求，每块民用需求电量是 2.3 兆瓦，每块商用需求电量是 10 兆瓦。

图 4－4 下曼哈顿地区电话通信系统

每条电话线都是通过配线电缆（支线）连到网络上，通常一条支线电缆可以连接上百条电话线，最终多条支线到总机的干线上。在下曼哈顿地区，有很多电话线是直接连接到总机。例如在 140 西街，大约有 30 万条电话线是直接接入总机。如果主叫与被叫都是在同一主机的服务范围，则可以直接接通，如果是范围外，则需要通过其他总机转接。一般在人口密集地区，总机与总机之间通过中继线连接。如图 4－5 所示，整个下曼哈顿地区的电话网络，共有 17 个总机，不同总机负责不同区域。一旦总机的电力供应出现中断，其服务区域的电话服务也随之中断。

图4－5 下曼哈顿地区电网系统

图4－6模拟了“9·11”袭击事件后下曼哈顿地区的情况（斜线阴影区域表示为受影响区，其中右下斜线区域为电力服务中断区，左下斜线区域为通信服

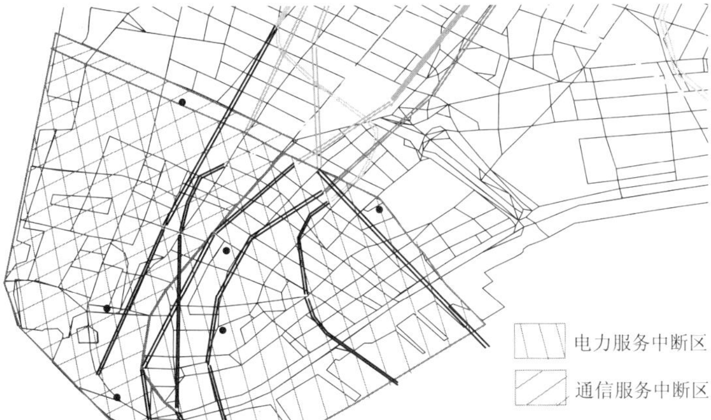

图4－6 下曼哈顿地区突发事件后受损情况

务中断区）：这块区域中的一个变电站和一些线路遭到破坏，导致右下斜线区域的电力服务中断，该区域内的两个通信交换中心因停电关闭，导致左下斜线区域的通信服务中断，同时停电还造成了地铁在区域内的运行区间关闭，地铁线路受到影响而中断的部分用粗黑线突出表示。

一、电力系统模型

电力系统的运行一般可描述如下：在各类电厂、电站将一次能源转化为电能后，通过升压变电站将电能升压到一定等级后输送到负荷中心变电站，再降压至一定等级后，经配电线路与用户相连。通常现代电力系统由以下六部分组成：①电站；②升压变电站；③输电线；④降压变电站；⑤配电线；⑥变压器。在我们的研究中，电力系统网络层可以用 G^{pr} 表示，其中 $G^{pr}=G(V^{pr}, E^{pr})$，电力网络 G^{pr} 将抽象成两部分：①网络节点 V^{pr}，可以是电站，变电所，甚至是变压器，根据节点的功能，可以细分为供应节点、需求节点和传输节点；②连接网络节点的弧 E^{pr}，可以是传输电能的输电线路和配电线路。电力模型的基本功能是以最优的方式满足网络内所有的电力需求，相应的模型设置如下：

集合 V^{pr} 表示电力网络中所有节点的集合；E^{pr} 表示电力网络中所有弧的集合；

参数 $b_j, j\in V^{pr}$ 表示节点的供应能力；$d_j, j\in V^{pr}$ 表示节点的需求；

$v_{(i,j)}, (i,j)\in E^{pr}$ 表示弧的传输能力；

变量 $x_{(i,j)}, (i,j)\in E^{pr}$ 表示弧 (i, j) 上的流量；$z_j^{pr}, j\in V^{pr}$ 表示节点的需求是否满足的0，1二元变量；$s_j, j\in V^{pr}$ 表示未能满足的需求；$y_{(i,j)}, (i,j)\in E^{pr}$ 表示是否维修（或临时假设）弧 (i, j) 的0，1二元变量。

电力网络的网络流模型如下：

$$\sum_{(i,j)\in E^{pr}} x_{(i,j)} \leqslant b_i,\ \forall i\in V^{pr} \tag{24}$$

$$\sum_{i\in V^{pr}} x_{(i,j)} + s_j = d_j,\ \forall j\in V^{pr} \tag{25}$$

$$s_j \leqslant d_j \times z_j^{pr},\ \forall j\in V^{pr} \tag{26}$$

$$\sum_{(i,j)\in E^{pr}} x_{(i,j)} - \sum_{(j,l)\in E^{pr}} x_{(j,l)} = 0,\ \forall j\in V^{pr} \tag{27}$$

$$x_{(i,j)} \leqslant v_{(i,j)} \times y_{(i,j)},\ \forall\ (i,j)\in E^{(pr)} \tag{28}$$

第一个约束是供应节点的容量约束，即所有从供应节点 i 流出的流量不能大于其供应能力。第二个约束是需求节点的需求约束并考虑到未满足的需求 s_j。二元变量 z_j^{pr} 表示是否存在未满足的需求，稍后用于关联性的建模。第三个约束给 s_j

设置了一个上限。第四个约束是传输节点的平衡约束。第五个约束确定受损的输电线路在没有修好前是无法工作的，二元变量 $y_{(i,j)}$ 的集合就是电力网络的一套应急抢修方案。

二、电话通信系统模型

电话通讯的基本原理是当主叫用户在终端的送话器前讲话时，送话器产生并送出相应的电信号，电信号又经传输设备和交换机送至终端的受话器，受话器收到电信号时把它转换成为声波振动，传送给被叫用户。本文中将电话通讯网络也用图 G^{ph} 表示，其中 $G^{ph}=G(V^{ph},E^{ph})$，电话通讯网络抽象成两部分：①网络节点 V^{ph}，可以是用户终端和总机，其中总机可以作为传输节点，主叫终端可以作为供应节点，被叫终端可以作为需求节点；②连接网络节点的弧 E^{ph}，可以是传输电话信号的线路。每一个接通的电话都有其特定的呼叫终端和被叫终端对，通常称之为 OD（Origin-Destination），在网络中连通 OD 的线路的有序集合称之为路径（Path），通常在网络中可以有多条路径连通一个 OD。所以与电力网络模型不同，电话网络在本文是作为多商品网络流模型，以最优的方式满足网络中的通话需求，即接通 OD。相应的模型设置如下：集合 V^{ph} 表示电话通讯网络中所有节点的集合；E^{ph} 表示电话通讯网络中所有弧的集合；OD^{ph} 表示电话通讯网络中所有主叫终端和被叫终端对的集合；参数 b_j，$j\in V^{ph}$ 表示节点的供应能力；m_{jl}，$jl\in OD^{ph}$ 表示 OD 的通话需求（即从主叫终端 j 到被叫终端 l）；$v_{(i,j)}$，$(i,j)\in E^{ph}$ 表示弧的传输能力；变量 $x_{(i,j)}$，$(i,j)\in E^{ph}$ 表示弧 (i,j) 上的流量；$f_{jl,n}$，$jl\in OD^{ph}$ 表示接通 OD（即从主叫终端 j 到被叫终端 l）的第 n 条路径上的流量；z_{jl}^{ph}，$jl\in OD^{ph}$ 表示某一特定 OD 通讯（即从主叫终端 j 到被叫终端 l）的需求是否满足的 0，1 二元变量；s_{jl}，$jl\in OD^{ph}$ 表示 OD 通讯（即从主叫终端 j 到被叫终端 l）未满足的通话需求；$y_{(i,j)}$，$(i,j)\in E^{ph}$ 表示用来表示是否维修（或临时假设）弧 (i,j) 的 0，1 二元变量。

电话通讯网络的多商品网络流模型如下：

$$\sum_{(i,j)\in E^{ph}} x_{(i,j)} \leqslant b^i,\ \forall i \in V^{ph} \tag{29}$$

$$\sum_{n\in 1...N} f_{jl,n} + s_{jl} = m_{jl},\ \forall jl \in OD^{ph} \tag{30}$$

$$s_{jl} \leqslant m_{jl} \times z_{jl}^{ph},\ \forall jl \in OD^{ph} \tag{31}$$

$$\sum_{(jl,n)contain(i,j)} f_{jl,n} = x_{(i,j)},\ \forall (i,j) \in E^{ph} \tag{32}$$

$$x_{(i,j)} \leqslant v_{(i,j)} \times y_{(i,j)},\ \forall (i,j) \in E^{(ph)} \tag{33}$$

第一个约束是供应节点的容量约束，即所有从供应节点 i 流出的流量不能大于其供应能力。第二个约束是 OD 的通话需求约束并考虑到未满足的通话需求 s_{jl}，其中接通 j 和 l 可以有 N 条路径。二元变量 z_{jl}^{Ph} 表示是否存在未接通的通话需求，稍后用于关联性的建模。第三个约束给 s_{jl} 设置了一个上限。第五个约束是将弧上的流量与路径上的流量对应起来，即某一条弧上的总流量等于所有通过这条弧的路径上的总流量。第五个约束确定受损的线路在没有修好前是无法工作的，二元变量 $y_{(i,j)}$ 的集合就是电话通讯网络的一套应急抢修方案。

三、地铁系统模型

同样，本文中地铁网络也用图 G^{sw} 表示，其中 $G^{sw} = G\ (V^{sw},\ E^{sw})$，包括两部分：①网络节点 V^{sw}，地铁的各个站点；②连接网络节点的弧 E^{sw}，地铁各个站点间的运行区间。每一个乘坐地铁的乘客都有其特定的起点和终点，通常称之为 OD（Origin－Destination），在网络中连通 OD 的线路的有序集合称之为路径（Path），通常在网络中可以有多条路径连通一个乘客 OD。所以与电话通讯网络一样，地铁系统也作为多商品网络流模型，以最优的方式满足乘客的出行需求，将乘客从起点运送到终点。相应的模型设置如下：集合 V^{sw} 表示地铁网络中所有站点的集合；E^{sw} 表示地铁网络中所有运行区间的集合；OD^{sw} 表示地铁网络中所有乘客的起点和终点对的集合；参数 b_j，$j \in V^{sw}$ 表示站点的运载能力；m_{jl}，$jl \in OD^{sw}$ 表示乘客出行的需求（即从起点 j 到终点 l）；$v_{(i,j)}$，$(i,\ j) \in E^{sw}$ 表示区间的运载能力；变量 $x_{(i,j)}$，$(i,\ j) \in E^{sw}$ 表示区间 $(i,\ j)$ 上的乘客流量；$f_{jl,n}$，$jl \in OD^{sw}$ 表示从起点 j 到终点 l 的第 n 条路径上的乘客流量；z_{jl}^{sw}，$jl \in OD^{sw}$ 表示从起点 j 到终点 l 的这类乘客的出行需求是否满足的0，1二元变量；s_{jl}，$jl \in OD^{sw}$ 表示从起点 j 到终点 l 的乘客，未满足的出行需求。

地铁网络的多商品网络流模型如下：

$$\sum_{(i,j) \in E^{sw}} x_{(i,j)} \leqslant b_i,\ \forall i \in V^{sw} \tag{34}$$

$$\sum_{n \in 1...N} f_{jl,n} + s_{jl} = m_{jl},\ \forall jl \in OD^{sw} \tag{35}$$

$$s_{jl} \leqslant m_{jl} \times z_{jl}^{sw},\ \forall jl \in OD^{sw} \tag{36}$$

$$\sum_{(jl,n)\,contain(i,j)} f_{jl,n} = x_{(i,j)},\ \forall\ (i,\ j) \in E^{sw} \tag{37}$$

$$x_{(i,j)} \leqslant v_{(i,j)} \times y_{(i,j)},\ \forall\ (i,\ j) \in E^{(sw)} \tag{38}$$

第一个约束是站点的运输能力约束。第二个约束是乘客的出行需求约束并考虑到未满足的出行需求 s_{jl}，其中从起点 j 到终点 l 可以有 N 条路径。二元变量 z_{jl}^{sw}

表示是否存在未满足的乘客出行需求。第三个约束给 s_{jl} 设置了一个上限。第四个约束是将弧上的流量与路径上的流量对应起来，即某一条弧上的总流量等于所有通过这条弧的路径上的总流量。第五个约束是传输区间的运输能力约束。

四、关联关系建模

此例中电力系统与电话通信系统存在着输入依赖的关系，即在电话通信网络中的交换机、交换设备需要电力系统的电力供应，当电力供应出现中断，电话通信的交换机将不能正常工作（我们认为非常规突发事件所造成的破坏巨大，通常通信系统的备用电力无法支持灾后的应急工作）。

$$\sum_{(i,j)\in E^{ph}} x_{(i,j)} \leqslant b_j\ (1 - z_k^{pr}),\ \forall\ (j,k) \in Dep\ (ph,pr) \tag{39}$$

j 表示电话系统中的交换机，k 表示电力系统中的一个需求节点，此节点对应于电话系统的交换机 j。交换机 j 的正常工作依赖于 k 节点的电力需求得到满足，j 和 k 形成了一个依赖，在整个系统中，还存在着许多这样的依赖，集合 Dep（ph，pr）用来表示所有的电话系统和电力系统的输入依赖关系。z_k^{pr} 表示是否存在未满足的需求，如果存在，z_k^{pr} 的值将会变为 1，使得约束条件变为电话系统中通过交换机 j 的流量总和小于等于 0，即该交换机无法正常工作。

同时，电力系统与地铁系统也存在着输入依赖的关系，当电力供应出现中断，该地区的地铁区间将不能正常运行（同样我们也不考虑备用电力的情况）：

$$x_{(i,j)} \leqslant v_{i,j} \times (1 - z_l^{pr}),\ \forall\ [(i,j),l] \in Dep\ (sw,pr) \tag{40}$$

（i，j）表示地铁系统中的一段运行区间，l 表示电力系统中的一个需求节点，此节点对应于地铁系统的运行区间（i，j）。地铁在区间（i，j）的正常工作依赖于 l 节点的电力需求得到满足，（i，j）和 l 形成了一个依赖，在整个系统中，集合 Dep（sw，pr）用来表示所有的地铁系统和电力系统的输入依赖关系。z_l^{pr} 表示是否存在未满足的需求，如果存在，z_k^{pr} 的值将会变为 1，使得约束条件变为在区间（i，j）上的运输的乘客流量小于等于 0，即该区间无法正常工作。

五、目标函数

此模型的目标为用最少的成本尽量满足整个下曼哈顿地区的用电需求、通信需求和乘客出行需求，可用以下目标函数表示：c_flow 是网络流成本，c_sl 是需求未满足所带来的损失（以成本的形式计入目标函数）。其中，第一项表示所有的网络流成本，第二项为所有未满足的需求的成本，第三项为所有抢修受损线路或假设临时线路（包括电力线路和电话线路）的任务总和。三个参数 α，β，γ 可以用来帮助决策者在不同成本之间进行权衡。

$$\min\alpha \times \sum_{i\in(pr,ph,sw)} c\_\ flow_{(j,l)}x^{i}_{(j,l)} + \beta \times \left[\sum_{j\in V^{pr}} c\_\ sl^{pr}_{j}s^{pr}_{j} + \sum_{i\in(pr,sw)} c\_\ sl^{i}_{jl}s^{i}_{jl}\right] + \gamma \times \sum_{i\in(pr,ph)}\sum_{(i,j)\in E^{i}} y^{i}_{(j,l)} \tag{41}$$

图4－7显示的是模型计算出的一种最优抢修方案，其中浅色线路表示电力线路，深色线路表示通讯线路。此方案的最大特点是，应急决策从整个受灾区域（图中阴影部分）的全局出发，电力、通信和地铁三个系统协同应对，达到应急方案在整体上的优化。此方案强调局部效果服从整体效果，局部利益服从整体利益，从而能高效地恢复该地区的基础设施功能，有力保障在此之上的各项应急救援工作。

图4－7　下曼哈顿地区应急抢修方案

关键基础设施系统的复杂性、脆弱性以及突发灾难事件的不可预测性与无法避免性，都给应急管理工作提出了挑战和难题。如何帮助管理者在错综复杂的环境下制订及时有效的应急方案，迅速恢复关键基础设施系统的基本功能，尽量减少灾难造成的损失？本章针对应急管理中涉及的关键问题——关键基础设施系统的修复，采用系统的思想和方法分析关键基础设施各系统的结构和联系，在多层网络流模型的框架下，设计相应的决策模型，辅助应急工作者的应急决策，提高应急决策的科学性，增强各部门的协同应急，从而确保灾后的各项救援工作能够及时有效地开展，减少生命财产安全受到的威胁和对经济的破坏，最终提高整个社会应对各种自然的、技术的和人为的灾难的能力。

本章设计的应急决策模型具有一定的扩展性：①关键基础设施系统的抢修问题还涉及资源配置问题。例如抢修的工作人员能否按时到达现场作业，设备器材能否按时运抵现场等。在多层网络流模型的框架下，可以设计多个或单个网络流层来表示应急资源在系统内的动态流转，它们与基础设施层具有一定的关联关系，例如资源流转依赖交通通畅，同时系统抢修又依赖资源的流转。②虽然本章的应急决策模型主要用于灾后的应急处置，但也可用于灾前的预防保护。例如针对各子系统的关联关系，进行系统的脆弱性分析，增强整体系统的抗灾能力。

第五章　关键基础设施系统应急恢复（二）

上一章的应急决策模型解决了关键基础设施系统应急恢复的第一步：抢修方案的制订。本章将讨论下一步问题：制定执行计划。本质上，制定计划属于分组排序问题，困难主要存在于对决策模型的求解（NP - Hard 问题），同时灾难环境的复杂性，应急决策的多目标性，使得此问题成为多目标分组排序问题。本章首先讨论对此类问题的算法设计，然后讨论如何保证应急恢复中的这两步序贯决策的全局最优性。

第一节　多目标分组排序问题的基本算法和理论

排序可看作是一定时间内将有限资源分配到各种任务中并达到最优化某种目标的决策过程，通常可以通过动态规划和整数规划模型求解，大多数属于 NP - Hard 问题，Pinedo 对此类问题的计算复杂度进行了全面系统的讨论。控制成本、缩短工期和减少任务的延迟是排序问题的三个典型目标，应急决策者通常需要兼顾三者，并在三者之间进行权衡。多目标分组排序问题的研究增强了排序问题的实际应用价值，有助于决策者从不同的角度考虑问题，适应复杂的灾难观景。目标优先级别的设定可以反映不同的决策需求，一系列优先级组合下的模型最优解能给决策者提供一个分析判断问题的有效基准（Efficient Frontier）。然而多目标的加入使得排序问题更加复杂，需要设计相应有效算法。针对数学规划（Mathematical Programming，简称 MP）擅长寻找最优解，约束规划（Constraint Programming，简称 CP）擅长排序的特点，本书将两类方法整合起来，提出一个基于 Benders 分解算法，极大地提高了此类问题的求解效率。

约束规划是作为一种结合了人工智能与编程语言的计算机科学技术发展起来的，它具有定义搜索空间并制定搜索算法的能力，采用约束传播（Constraint Propogation）推导机制，能够有效缩小问题可行域，适合解决如组合优化、排序等问题。虽然支持 CP 的软件比传统数学编程语言（如 AMPL、GAMS）具有更强的建模能力，但 CP 仍然被视为一种解题方法，而不仅仅是编程语言。近年来，越来越多的学者将 CP 应用于运筹学领域，研究复杂问题的 CP 与 MP 的联合求解。部分学者考虑对线性松弛问题引入约束传播，缩小可行域并获得目标值的边界，在搜索域的每一个节点都用单纯形法和约束传播分别进行计算。通常搜索可以看作是枚举可行域内的所有值，推导则通过隐含约束来缩小可行域，而分支定界法（Branch and Bound）通过松弛问题找出原问题的上（下）界，可以看作一类特殊的枚举方式，Hooker 提出在分支—推导—定界的求解框架下，可以将两者整合起来，Kim 等已成功提高固定费用网络流问题的计算性能。

还有部分学者则考虑另一种整合模式，利用 CP 与 MIP（Mixed Integer Programming，简称 MIP）的互补优势，将 CP 用于 Benders 分解算法中的子问题，提高问题的求解效率。Benders 分解算法通常被用于解决一些复杂的优化模型，其基本思想是将原问题分解成若干个相对容易的子问题，这些子问题的最优解常常较容易获得，通过建立 Benders 切平面，使算法逐渐逼近原问题的最优解。考虑如下的优化问题：

$$\min f(x, y) \tag{42}$$

$$s.t.\ (x, y) \in S \tag{43}$$

$$x \in D_x,\ y \in D_y \tag{44}$$

这是一个基本的优化问题，决策变量被分为了 x 和 y 两部分。Benders 分解算法首先固定变量 y，即在变量的变化域内取一个特定值，假设为 $\bar{y} \in D_y$，则产生一个原问题的子问题，如下所示：

$$\min f(x, \bar{y}) \tag{45}$$

$$s.t.\ (x, \bar{y}) \in S \tag{46}$$

$$x \in D_x \tag{47}$$

以上子问题的对偶问题可以表示如下：

$$(Dual):\ \min \beta \tag{48}$$

$$s.t.\ (x, \bar{y}) \in S \rightarrow f(x, \bar{y}) \geqslant \beta \tag{49}$$

此对偶问题在变量 y 取值 $\bar{y}$ 的条件下，尽力去找原问题最优值的一个最好下界 β^*。Benders 分解算法的核心思想就是找这样一个函数 $\beta_{\bar{y}}(y)$，从而对于任何一个给定值的 y，都能给出原问题最优值的有效下界。对于不同类型的问题，找到这样一个函数的方法各不相同，但是核心思想都是不变的，即给定一个 y

值，则可通过上面的对偶问题求出最优值$\beta *$，同时它也是原问题的一个有效下界。注意到，这个下界随着变量y取值的变化而变化，所以可以写成y的函数的形式。这就是Benders切：

$$z \geqslant \beta_{\bar{y}}(y) \tag{50}$$

Benders算法将原问题分解为主问题和子问题的对偶问题。在每一次循环中，所有生成的Benders切共同构成原问题的主问题，如下所示：

$$(\text{Master}): \min z \tag{51}$$

$$s.t. \quad z \geqslant \beta_{y^k}(y), \ k = 1, \cdots, K \tag{52}$$

$$y \in D_y \tag{53}$$

其中，y^1，⋯，y^K是累积到该次循环为止，所有y的取值。通过对上述主问题求解，可以获得下一个（y，z）的取值（$\bar{y}$，$\bar{z}$），构建新的对偶问题（Dual）。对该新的对偶问题求解，如果最优解$\beta *$等于$\bar{z}$，则原问题的最优解找到，最小值即为$\bar{z}$；否则产生新的Benders切：$z \geqslant \beta_{\bar{y}}(y)$，并加入主问题（Master）中。详细的Benders算法可描述如下：

（1）在原问题中选一个初始的$\bar{y} \in D_y$；

（2）设置$\bar{z} = -\infty$，$k = 0$；

（3）当问题（dual）可以求得一个可行解，并且$\beta \geqslant \bar{z}$时，用$\beta_{\bar{y}}(\bar{y}) = \beta$构建下界函数$\beta_{\bar{y}}(y)$，令$k = k+1$，$y^k = \bar{y}$，并且将Benders切$z \geqslant \beta_{\bar{y}}(y)$加入主问题（Master），如果新主问题（Master）没有可行解，那么，算法停止，原问题不可行；否则，找出新主问题（Master）的最优解$\bar{y}$和最优值$\bar{z}$；

（4）原问题最优值是$\bar{z}$。

Benders方法的一个局限就是子问题的对偶问题的最优解如果不容易获得，或者是其对偶问题并不容易获得，那么这个方法并不比常规方法（例如分支定界）更有效。Hooker在Benders算法的基础上提出了一种基于逻辑的分解方法，其核心就是Benders切平面可以通过对子问题的对偶问题的逻辑推导得出。当主问题取某个特定值的时候可以证明推演的对偶问题的解是最优的。经典的Benders算法和基于逻辑的Benders算法的最大区别在于，前者的切平面是以标准化形式存在的，而后者却没有一个标准的形式，需要对每一类问题分别进行分析设计。子问题可以是线性问题、混合线性问题，也可以是CP问题，切平面通常通过对子问题的逻辑推导而得出。Jain等将基于逻辑的Benders算法应用于一类成本最小化的分组排序问题。Harjunkoski 等又扩展了他们的方法应用于一类多阶段的分组排序问题。Maravelias 等将算法运用于一类并行工厂的排序问题，这类问题通常表示为状态任务网络（State Task Network）。Coban 等运用算法解决了单设施排序问题，这类问题属于单纯的排序问题，算法将任务首先分给各个不同的时间段，然后在各个时间段内对任务进行排序。Hooke 针对在排序问题中的三个经典目标提出了基于逻辑 Benders 切平面算法，将每个目标表示为一个不同的问题，分别对这三个问题进行求解。然而，在实际应用中，决策者通常需要同时考虑多个目标，即多目标考虑可以作为 Hooker 等工作的延续。而多目标的引入无疑需要重新研究变量取值的变化对目标函数的影响，设计新的 Benders 切平面的生成以及算法的运行机制，设计特定的切平面来加速问题的求解。第二节将讨论如何在多目标的环境下，基于 Benders 分解方法，设计整合 CP 与 MIP 的分解算法。

第二节　多目标分组排序问题的基本模型

分组排序问题要求以最优的方式将一组任务 $i \in I$ 分配给若干个工作组 $m \in M$，并对各个工作组的执行任务进行排序。通常，每一个任务 i 有一个完成期限 d_i，如果迟于期限完成，其延迟（Tardiness）即为 s_i，各工作组 m 完成任务 i 都需要一定的成本 c_{im} 和时间 p_{im}，完成所有任务所需的总时间（Makespan）为 y。问题目标包括最小化总的延迟的时间 $\sum_{i \in I} s_i$、总成本 $\sum_{i \in I} c_{im}$ 以及完成所有任务所需的总时间 y。决策者通过目标权重在各目标间进行权衡。这类问题属于 NP - Hard 问题，求解较困难，目前一般有两种方法解决这类问题，一种是采用 MIP 模型，一种是采用 CP 模型。

一、MIP 模型

二元变量 $x_{im} = 1$ 作为分组决策变量，如果任务 i 分配给工作组 m，否则为 0。如果任务 i 与任务 j 同时分配给同一工作组，并且任务 i 在任务 j 之前执行，则排序变量 $y_{ij} = 1$，否则为 0。变量 t_i 为任务 i 的开始时间。

$$\min_{x,s,y,t} \alpha \sum_{i \in I} \sum_{m \in M} c_{im} x_{im} + \beta \sum_{i \in I} s_i + \gamma y \tag{54}$$

$$\text{subject to} \quad t_i + \sum_{m \in M} p_{im} x_{im} - s_i \leq d_i, \quad \forall i \in I \tag{55}$$

$$t_i + \sum_{m \in M} p_{im} x_{im} \leq y, \quad \forall i \in I \tag{56}$$

$$\sum_{m \in M} x_{im} = 1, \quad \forall i \in I \tag{57}$$

$$\sum_{i \in I} x_{im} p_{im} \leqslant y, \quad \forall m \in M \tag{58}$$

$$z_{ij} + z_{ji} \leqslant x_{im} + x_{jm} - 1, \quad \forall i, j \in I, m \in M \tag{59}$$

$$t_j \geqslant t_i + \sum_{m \in M} p_{im} x_{im} - U(1 - y_{ij}), \quad \forall i, j \in I \tag{60}$$

$$y_{ij} + y_{jk} + y_{ki} \geqslant x_{im} + x_{jm} + x_{im} - 2, \quad \forall i, j, k \in I, m \in M \tag{61}$$

$$y_{ij} + y_{ji} \leqslant 1, \quad \forall i, j \in I \tag{62}$$

$$y_{ij} + y_{ji} \leqslant 2 - x_{im} - x_{jn}, \quad \forall i, j \in I, m, n \in M \tag{63}$$

$$x_{im} \in \{0, 1\}, \quad \forall i \in I, \forall m \in M \tag{64}$$

$$t_i \geqslant 0, \quad \forall i \in I \tag{65}$$

$$s_i \geqslant 0, \quad \forall i \in I \tag{66}$$

$$y \geqslant 0 \tag{67}$$

三项目标：总成本、延迟以及时间，分别被赋予了不同的权重 α，β，γ，模型目标函数为最小化三者的加权和。约束（55）要求每个任务在其期限内完成，否则会出现任务延迟。约束（56）是完成所有任务所需要的时间应该大于每一个任务的完成时间。约束（57）确保每个任务只能分配给一个工作组。约束（58）是每个工作组的工作时间应该小于完成所有任务所需时间。约束（59）建立分配变量与排序变量间的联系，如果两个任务被分配给同一工作组，它们的执行顺序应该有先有后。约束（60）表示同一工作组的两个任务的排序，$U = \sum_{i \in I} \max_{m \in M} P_{im}$。约束（61）为逻辑约束，如果任务 i，j，k 被分配给同一个工作组，则它们的排序应该满足三角不等式（Triangle Inequation）。逻辑约束（62）确保排序的有效。逻辑约束（63）确保如果两个任务未被分配在同一组，则它们的排序变量应该为 0。此 MIP 模型通常采用分支定界法求解，然而模型的对称性会造成传统方法的搜索效率下降，易导致无法在合理有效的时间内找到最优解。

二、CP 模型

问题也可建模为 CP 模型，本文所采用的 ILOG’s OPL 模型语言对于排序问题有其特定的建模框架。其中，任务定义为一类特殊对象，具有完成时间（*i. end*）、完成所需时间（*i. duration*）等属性。并行的工作组 R 作为独特资源，不能共享。具体模型如下：

$$\min \alpha \sum_{i \in I} c_{iq_i} + \beta \sum_{i \in I} s_i + \gamma y \tag{68}$$

$$\text{subject to } i.end \leqslant y, \quad \forall i \in I \tag{69}$$

$$i.start \leqslant d_i + s_i - p_{iq_i}, \quad \forall i \in I \tag{70}$$

$$i.duration = p_{iq_i}, \quad \forall i \in I \tag{71}$$

$$i \text{ require } R, \quad \forall i \in I \tag{72}$$

$$activityHasSelectedResource(i, R, workgroup[m]) \Leftrightarrow q_i = m, \quad \forall i \in I, m \in M \tag{73}$$

$$s_i \geqslant 0, \quad \forall i \in I \tag{74}$$

$$y \geqslant 0 \tag{75}$$

$$q_i \in M, \quad \forall i \in I \tag{76}$$

目标函数不变，仍然是最小化三个目标的加权和。约束（69）表示每个任务完成时间应该小于所需总时间。约束（70）表示任务无法按期完成将会出现延迟。约束（71）表示任务需要处理的时间。约束（72）表示完成任务需要特殊资源 R，同一时间段内此资源不能被多个任务共享。约束（73）使用 OPL 的特定函数 activityHasSelectedResources，如果任务 i 使用了独特资源 *workgroup* [m]，则变量 q_i 的值将确定为 m。此 CP 模型通过约束传播机制不断缩小变量可行域，从而找到最终最优解。然而，这种搜索方式更适合于快速寻找有效排序，对于模型的最优分组部分则运行效率较差。

第三节　多目标分组排序问题的分解算法

一、主问题

鉴于目前 MIP 方法和 CP 方法都无法有效求解此类问题，本书提出并设计了一个新算法，利用数学规划擅长寻找最优，约束规划擅长排序的特点，将原问题分解为一个主问题和多个子问题。主问题负责将任务分配给各个工作组，子问题对各个工作组进行任务排序，当子问题证明来自主问题的最优解同时也是其自身最优解，即每一个工作组都可找到一个有效的排序达到主问题的最优，此时主问题的解即原问题的最优解，算法停止。否则，在主问题中加入相应的整数切继续上述的过程。总的来说，原问题被分解为多个并行的小问题，因为并行的工作组互相之间没有交互，所以每个子问题可以独立求解，这样问题的计算效率可以得到极大提高。主问题决定任务的最优分配，模型如下：

$$\min_{x,s,y,t} \alpha \sum_{i \in I} \sum_{m \in M} c_{im} x_{im} + \beta \sum_{i \in I} s_i + \gamma y \tag{77}$$

$$\text{subject to} \quad t_i + \sum_{m \in M} p_{im} x_{im} - s_i \leqslant d_i, \quad \forall i \in I \tag{78}$$

$$t_i + \sum_{m \in M} p_{im} x_{im} \leqslant y, \quad \forall i \in I \tag{79}$$

$$\sum_{m \in M} x_{im} = 1, \quad \forall i \in I \tag{80}$$

$$\sum_{i \in I} x_{im} p_{im} \leqslant y, \quad \forall m \in M \tag{81}$$

$$\text{integer cuts} \tag{82}$$

$$x_{im} \in \{0, 1\}, \quad \forall i \in I, \ \forall m \in M \tag{83}$$

$$s_i \geqslant 0, \quad \forall i \in I \tag{84}$$

$$y \geqslant 0 \tag{85}$$

主问题模型的目标函数与原问题一样，最小化三项目标的加权和。约束（78）至（81）与原问题的 MIP 模型分组约束部分相同。约束（82）是子问题推导出的切平面，它们随着算法的运行对可行域进行越来越严格的限制。注意此模型未包括排序约束，即对每个任务的开始时间并未进行有效约束，所以主问题求出的开始时间可能是无效的，这就意味着主问题无法保证排序的可行性。变量 s_i 和 y 的取值与排序相关，无效的排序将导致它们的取值不可行。虽然主问题可以解出最优的分配方案 x_{im}，延迟 s_i 和总时间 y，但是可行性并不能得到保证，这就需要子问题来确认这些解是可行的。

二、子问题

主问题模型并不能保证其最优解是原问题的可行解，所以主问题只是部分地解决了原问题，剩下的有效排序部分将由子问题来完成。子问题模型一旦找到与主问题相同的延迟和总时间，那么原问题完全解决。因成本只与分组方案有关，任务一旦被分配到工作组，其成本并不会因执行顺序而改变，所以子问题未涉及成本。子问题只是检验任务的排序是否有效，并不会改变任务的分配方案。根据主问题模型求出了每个任务 i 的分配结果 x_{im}，可以确定 q_i 的取值。从而每一个工作组 m，其分配的任务集合就可以表示为 $I_m = \{i \in I : q_i = m\}$，其中，$q_i$ 为任务 i 被分配给的工作组。子问题模型如下所示：

$$\min \beta \sum_{i \in I_m} s'_i + \gamma y' \tag{86}$$

$$\text{subject to } i.end \leqslant y^* + y', \quad \forall i \in I_m \tag{87}$$

$$i.start \leqslant d_i + s'_i - p_{iq_i}, \quad \forall i \in I_m \tag{88}$$

$$i.duration = p_{iq_i}, \quad \forall i \in I_m \tag{89}$$

$$i \text{ require } q_i, \quad \forall i \in I_m \tag{90}$$

$$s'_t \geqslant 0, \quad \forall i \in I_m \tag{91}$$

$$y' \geqslant 0 \tag{92}$$

此 CP 模型为各工作组寻求最优排序，从而最小化延迟与总时间的加权和。约束条件基本与原问题的 CP 模型约束（69）至（72）相同。变量 s'_i 是新定义的延迟，与主问题模型中的 s_i 不同，因为受到有效的排序约束，所以它表示实际有效的任务延迟。参数 y^* 来自于主问题的最优时间解，变量 y' 则表示与这一参数的差距（如约束（87）中所定义的）。

三、算法

让 x^{k*}，s^{k*}，y^{k*} 分别表示主问题第 k 次循环的最优解，算法为每个工作组 m 建立一个子问题模型寻找该组的最优任务排序，并且子问题的个数等于工作组的总数。让 $s'^{(m,k)*}$，$y'^{(m,k)*}$ 分别表示子问题 m 在第 k 次循环的最优值。因为子问题内的任务排序并不会影响其成本，所以在第 k 次循环中，子问题仅仅考虑主问题求出的延迟和总时间是否也适用于它自己，即子问题和主问题所求出的解是否有差别。如前所述，变量延迟 s 和总时间 y 在主问题中未进行有效的约束，所以可以定义变量 $D^{(m,k)}$ 来表示此差值：

$$D^{(m,k)} = \sum_{i \in I_m^k} (s')_i^{(m,k)*} - \sum_{i \in I_m^k} s_i^{k*} + (y')^{(m,k)*} \tag{93}$$
$$I_m^k = \{ i \in I : x_{im}^{k*} = 1 \}$$

当 $\sum_{m \in M} D^{(m,k)} = 0$，则意味着第 k 次循环中主问题求出的延迟和总时间对子问题也有效，于是，原问题的最优分配和排序找到。否则，当前主问题求出的解 x_{im}^{k*}，s_i^{k*}，y^{k*} 要被切掉，可以根据差值 $D^{(m,k)}$ 的情况推导出相应的切平面。有下面四种情况需要考虑：

（1）子问题 m 是不可行的，那么就说明当前主问题找到的分配方案是错误的，所以在下一次循环中我们需要切掉这次的分配方案：

$$\sum_{i \in I_m^k} x_{im} \leqslant \sum_{i \in I_m^k} x_{im}^{k*} - 1 \tag{94}$$

（2）$D^{(m,k)}>0$，可能是主问题求出的延迟 s_i^{k*} 和总时间 makespan y^{k*} 并没有足够大，或者是主问题找到的分配方案是错误的，所以在下一次循环中我们或者切掉这次的分配方案，或者增加延迟和总时间的值：

$$\sum_{i\in I_m^k} x_{im} \leqslant \sum_{i\in I_m^k} x_{im}^{k*} - 1$$

或者

$$\sum_{i\in I_m^k} \beta s_i + \gamma y \geqslant \sum_{i\in I_m^k} \beta\ (s')_i^{(m,k)*} + \gamma\ [y^{k*} + (y')^{(m,k)*}] \qquad (95)$$

（3）$D^{(m,k)}\leqslant 0$，说明主问题当前找到的解同样适用于子问题 m；

（4）如果 $\sum_{m\in M} D^{(m,k)}=0$，那么当前的解就是原问题的最优解，包括来自于主问题的最优的分配方案和来自于子问题的最优排序。

综上所述，有两个基本约束构成问题的切平面。约束（94）通过设定分配变量 x_{im}，$i\in I_m^k$ 的新下界，从而切掉当前的分配方案。此约束只涉及部分任务的分配变量，会有效缩小问题的可行域。约束（95）通过设定延迟和总时间的新下限来增加这两个变量的值，指出它们的加权和应该至少等于 $\sum_{i\in I_m^k} \beta s'^{(m,k)*}_i + \gamma\ [y^{k*} + y'^{(m,k)*}]$，从而推动这两个变量取值向最优解的方向靠拢。主问题的最优解可能因为下面的两个原因对子问题 m 是不可行的：①分配方案是错的（不是最优的），当前分配的任务有一些不应该被分配到 m 组；②分配方案没有问题，但是变量延迟和总时间的取值没有足够大，造成子问题的排序无效。所以，算法通过切平面切掉当前的分配方案或者是增加变量延迟和总时间的取值，而 Hooker 则是通过切平面建立目标值和分配变量的联系。当原问题为单目标规划问题时（或者是成本，或者是延迟，或者是总时间），可以通过分配变量的变化来指导目标值的变化，但是，当目标变成多个时，很难建立起目标值和分配变量的联系，所以需要用到不同的逻辑去推导出切平面。

本书设计的分解算法（见图 5－1），原问题首先被分成两个分组和排序两部分，前者是主问题，包括所有的分配约束，并随着算法进行，越来越多的切平面加入到主问题模型。后者是子问题，包括所有的排序约束条件。算法先求解主问题，根据求出的分组方案确立子问题并对子问题求解。如果子问题不可行，那么算法就会重新回到主问题，并在主问题中添加切平面来切掉当前的分配方案；如果子问题是可行的，那么与主问题比较最优目标值，如果相等，算法停止，最优解找到，如果不相等，则推导出新的切平面并加入主问题模型，再重新求解主问题。每一次循环中，利用子问题检验主问题的解是否能扩展为有效的排序，如果可以，那么原问题的最优解就找到了，否则向主问题模型中添加切平面。为证明此分解算法的收敛性，可将原问题抽象模型表示如下：

$$(H)\quad \min_{x,s,y} c_1{}^T x + c_2{}^T s + c_3{}^T y \tag{96}$$

$$s.t.\quad Ax + Ds + Cy \leqslant a \tag{97}$$

$$x \Leftrightarrow \bar{x} \tag{98}$$

$$s \Leftrightarrow \bar{s} \tag{99}$$

$$y \Leftrightarrow \bar{y} \tag{100}$$

$$\bar{G}\ (\bar{x}^k,\ \bar{s},\ \bar{y}) \leqslant 0 \tag{101}$$

$$x \in \ (0,\ 1)^m,\ s \in R^n,\ y \in R \tag{102}$$

$$\bar{x},\ \bar{s},\ \bar{y} \in D \tag{103}$$

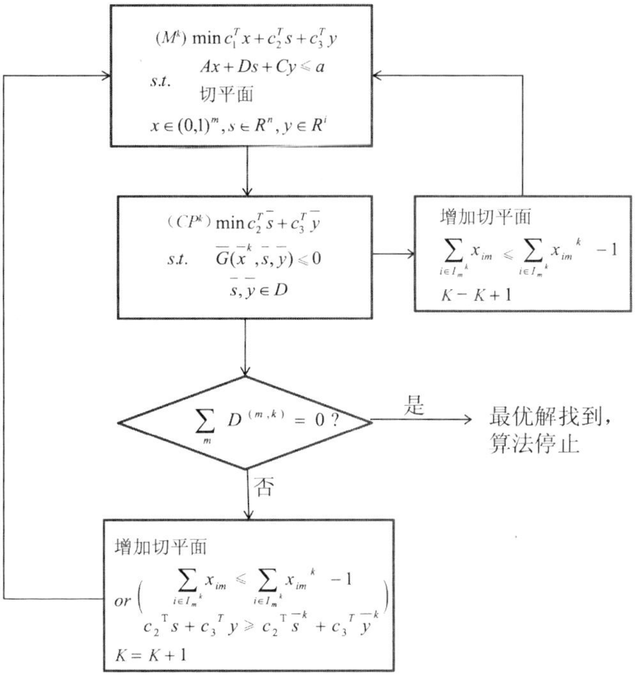

图 5－1　分解算法

约束（97）涉及问题的分组部分，可参考主问题中的约束（78）至（81）；约束（101）涉及问题的排序部分，可参考子问题的约束（87）至（90）；约束（98）至（100）建立起分组与排序部分的联系。

定理 1　分解算法最终会收敛于 O 的最优解或者证明其无解。

证明 变量 x，s，y 都可以找到有效上限，所以 O 不是无界问题，其求解结果只有两种情况：有可行解或无可行解。若 O 存在可行解，分解算法的主问题在 K 次循环后可表示如下：

$$(M^k)\ \min_{x,s,y} c_1^{\ T} x + c_2^{\ T} s + c_3^{\ T} y \tag{104}$$

$$s.t.\quad Ax + Ds + Cy \leqslant a \tag{105}$$

$$or\begin{pmatrix} \sum_{i \in I_m^k} x_{im} \leqslant \sum_{i \in I_m^k} x_{im}^k - 1 \\ c_2^{\ T} s + c_3^{\ T} y \geqslant c_2^{\ T} \bar{s}^k + c_3^{\ T} \bar{y}^k \end{pmatrix} \tag{106}$$

$$k \in 1,\ 2,\ 3,\ \cdots,\ K-1 \tag{107}$$

$$x \in (0,\ 1)^m,\ s \in R^n,\ y \in R^i \tag{108}$$

设 x^k，s^k，y^k 为 M^k 的最优解，则相应的 CP 子问题为：

$$(CP^k)\qquad \min_{\bar{s},\bar{y}} c_2^{\ T} \bar{s} + c_3^{\ T} \bar{y} \tag{109}$$

$$s.t.\quad \bar{G}\ (\bar{x}^k,\ \bar{s},\ \bar{y}) \leqslant 0 \tag{110}$$

$$\bar{s},\ \bar{y} \in D \tag{111}$$

设 $\bar{s}^k$，$\bar{y}^k$ 为 CP^k 的最优解，对于所有 $k \leqslant K$，M^k 总能找到可行解，并且 $c_2^{\ T} s + c_3^{\ T} y < c_2^{\ T} \bar{s}^k + c_3^{\ T} \bar{y}^k$，否则算法会停止。$M^k$ 是 H 问题的松弛，增加的整数切不断缩小其可行域，但不会切掉最优解。可行域是有限的，所以算法最终会找到满足以下等式的解 $c_2^{\ T} s + c_3^{\ T} y = c_2^{\ T} \bar{s}^k + c_3^{\ T} \bar{y}^k$，假设在 k 次循环后，找到了满足上述等式的一组解（x^k，s^k，y^k），则这组解即为原问题 O 的最优解，并且 CP^k 的最优值等于原问题 O 的最优值。所以，只要 O 问题是可行的，则算法在有限次循环后会收敛于一个最优解。

若 O 不存在可行解，则子问题 CP^k 也不会存在可行解。并且，随着算法继续，M^k 的有限可行域会不断被缩小，直到最终成为空集，即证明问题不可行。

四、计算性能

本章中所有 CP 模型都由 ILOG Solver 和 ILOG Scheduler 求解，所有的 MIP 模型都由 ILOG CPLEX8.0 求解，分解算法由 ILOG OPL Studio 3.7 的脚本语言编写。算例中共有 3 个工作组，共 30 个任务需要被分配并排序，问题规模与 Hooker 讨论的问题规模大小相当（目前因为 CP Solver 的局限性无法对更大规模的问题求解）。

（一）多目标处理

对于多目标优化问题，通常的处理方法是将多目标问题通过一定形式的转换，变为统一目标函数或综合目标函数作为多目标优化问题的评价函数。此方法遵循化多为少的思想，将多目标问题转化为单目标问题解决，转化方法包括线性加权法、理想点法（目标规划法）、功效系数法、极大极小值法等。本书的多目标排序问题采用线性加权法，通过加权因子，取多目标的线性加权组合，构造新的单目标函数。将各单目标函数的最优值的倒数作为权系数，相当于对各目标函数进行了无量纲的处理，从而消除各分目标在数量级上的差别。所以，问题的目标函数改写如下：

$$\alpha\sum_{i\in I}\eta_1\sum_{m\in M}c_{im}x_{im}+\beta\eta_2\sum_{i\in I}s_i+\gamma\eta_3 y \tag{112}$$

$$\eta_1=1 \tag{113}$$

$$\eta_2=\frac{cost^*}{tardiness^*} \tag{114}$$

$$\eta_3=\frac{cost^*}{makespan^*} \tag{115}$$

此处理方法的局限性在于，最优的任务延迟时间可能为0，则此时上述加权因子无效。在这种情况下，可以考虑利用实际经验，估算出任务每延迟一天损失有多大，从而利用此估算值作权系数。

在本算例中，单个目标的最优值分别为 $cost^*=442$，$tardiness^*=0$，$makespan^*=20$。可解释为完成任务最少要用442元，即费用的下界为442；如果不考虑费用，也不考虑整体的完成情况，可以将所有的任务在规定期限内完成，不出现任何延误；完成所有任务最快也要20天。则 η_3 取值22（$\frac{cost^*}{makespan^*}$），$\eta_2$ 的值凭经验，设为1，即任务每延误一天，则损失1元。

（二）计算结果

表5－1给出了当 $\gamma=25$ 时分解算法的运行情况。#切平面表示算法所产生的切平面的个数；循环表示主问题被求解的次数，也是算法运行的循环数；时间表示问题求解所花的总CPU时间，等于所有主问题的求解CPU时间和3个子问题的CPU时间。三个参数 α，β，γ 分别对应三个目标：成本、任务延迟与总时间的权重，取值的不同导致算例的复杂度不断变化。随着权重参数 α 的增加，

主问题的最优解越来越接近原问题的最优解，算法的循环次数不断减少；相反，随着参数 α 的减少，主问题的最优解越来越偏离原问题的最优解，所以需要运行更多次的循环。

表 5－1 分解算法的运行情况

No.	α	β	γ	#切平面	循环	求解时间（秒）
1	0	75	25	28	22	1.834
2	5	70	25	28	21	1.812
3	10	65	25	27	20	1.545
4	15	60	25	27	20	1.672
5	20	55	25	21	17	1.187
6	25	50	25	18	15	0.766
7	30	45	25	14	12	0.547
8	35	40	25	14	12	0.673
9	40	35	25	10	9	0.500
10	45	30	25	9	8	0.391
11	50	25	25	7	6	0.172
12	55	20	25	5	5	0.156
13	60	15	25	2	3	0.079
14	65	10	25	2	3	0.078
15	70	5	25	2	3	0.078
16	75	0	25	0	1	<0.001

（三）计算性能比较

为证明本书设计的分解算法的计算性能优于 MIP 模型、CP 模型，现运行多个算例来进行比较。表 5－2 列出了比较性能所用的 5 种问题规模，工作组的个数由 2 个逐渐增加到 5 个，总任务数由 9 个逐渐增加到 40 个。同等规模的问题因数据的不同会导致计算难易程度的差异，所以对于每一种问题规模，分别用三组数据进行算法的性能测试，这样共有 15 个算例。表 5－3、表 5－4、表 5－5 分别列出了不同方法计算这 15 个算例的性能数据。

表 5－2 算例规模

问题规模	工作组数	任务数
1	2	9
2	3	15
3	3	27
4	3	35
5	5	40

表 5－3 MIP 模型计算性能

问题规模	编号	变量数	约束数	结点数	计算时间（秒）	目标值
1	1	120	1 428	10	0.06	109.35
	2	120	1 428	25	0.09	60.40
	3	120	1 428	10	0.08	229.25
2	1	303	10 388	213	1.11	157.85
	2	303	10 388	149	2.45	62.7
	3	303	10 388	109	1.3	19.58
3	1	867	59 840	7 399	1 297.84	356.2
	2	867	59 840	9 597	>2 000	125.4 *
	3	867	59 840	2 711	1 319.88	341.55
4	1	1 403	129 928	2 962	>2 000	512.25 *
	2	1 403	129 928	1 138	>2 000	208.70 *
	3	1 403	129 928	565	>2 000	490.15 *
5	1	1 883	337 212	12 565	>2 000	347.75 *
	2	1 883	337 212	1 901	>2 000	166.70 *
	3	1 883	337 212	57 103	>2 000	303.20 *

* 表示未找到最优解

从表 5－3 的数据可以看到，MIP 模型在问题规模达到 3 时，有些问题就很难找到最优解了。以规模 3 的第 2 号问题为例，虽然求出的目标值 125.4 就是最优的目标值（这一点可以通过表 5－5 中相应问题的计算结果得出），但是，MIP 却无法证明这个目标值的最优性，即在超过 2 000 秒的计算时间内，分支定界法还未计算完整个搜索空间，所以最优性无法证明。

表 5－4　CP 模型计算性能

问题规模	编号	变量数	约束数	选择点	失败点	计算时间（秒）	目标值
1	1	78	54	15 776	15 626	0. 28	109. 35
	2	78	54	14 672	14 587	0. 33	60. 40
	3	78	54	15 572	15 413	0. 27	229. 25
2	1	123	105	309 062	309 008	>2 000	314. 25 *
	2	123	105	1 444 465	1 444 414	>2 000	274. 45 *
	3	123	105	308 993	308 942	>2 000	815. 30 *
3	1	189	219	104 484 622	104 484 482	>2 000	669. 35 *
	2	189	219	100 010 972	100 010 874	>2 000	709. 10 *
	3	189	219	14 947 928	14 947 819	>2 000	1 541. 35 *
4	1	286	245	122 095 097	122 094 961	>2 000	823. 00 *
	2	286	245	88 025 564	88 025 428	>2 000	882. 40 *
	3	286	245	122 095 097	122 094 961	>2 000	1 610. 60 *
5	1	360	326	66 993 543	66 993 419	>2 000	957. 75 *
	2	360	326	57 228 686	57 228 573	>2 000	1 163. 45 *
	3	360	326	100 687 592	100 687 467	>2 000	1 796. 35 *

* 表示未找到最优解

表 5－4 的数据表明 CP 模型并不是解决此类问题的有效方法，只有在模型规模 1 的情况下，才计算出最优解，但花费的计算时间要比其他两种方法要长。并且，模型规模一旦达到 2 以后，就无法找到最优解了。

正如前面所提到的，此类模型对于问题的最优分组部分效率非常低。

表 5－5　分解算法计算性能

问题规模	编号	循环	计算时间（秒）	目标值
1	1	2	0. 016	109. 35
	2	3	0. 015	60. 40
	3	2	0. 00	229. 25
2	1	2	0. 0	15. 785
	2	4	0. 031	62. 7
	3	2	0. 016	19. 58

（续上表）

问题规模	编号	循环	计算时间（秒）	目标值
3	11	5	0.093	356.20
	2	39	1.798	125.40
	3	4	0.063	341.55
4	1	145	2000	500.85 *
	2	272	2000	184.35 *
	3	25	24.151	480.25
5	1	136	107.5	347.60
	2	47	18.890	129.15
	3	2	0.03	303.20

* 表示未找到最优解

表5－5则充分表明了分解算法在计算性能方面的优越性。对比另外两种模型，分解算法的计算速度有了数量级的提高。当问题规模较小时，三种方法都能找到问题的最优解，其中分解算法所用时间最短，MIP模型次之，CP模型最长。问题规模逐渐增大后，MIP模型与CP模型的计算时间增加，对很多算例找不出最优解，而此时分解算法仍然可以在较短时间内找出最优解。即便是问题规模4的1号、2号算例，三种方法都无法找到最优解，但是比较三者的计算时间和次优解的大小，可以发现分解算法的性能仍然胜过另外两种，它能在相对短的时间内获得质量更好的次优解。目前因为CP Solver的局限性，无法对更大规模的问题求解，所以分解算法的子问题无法迅速对10个以上的任务进行排序，从而对于分解算法来说，规模4的问题要比规模5的问题更难。

所以，本书设计的分解算法的计算性能要远胜于当前的MIP模型与CP模型，当问题规模较小时，分解算法用更短的时间找到最优解，当问题规模较大时，分解算法能够用较短的时间找到更好的次优解。对不同方法的计算性能作了比较，包括MIP模型、CP模型以及本书设计的分解算法。分别选择了三种规模的问题：30个任务，20个任务以及10个任务。同时也通过变换目标值的权重来改变问题的难易程度。考虑到此表只是为了比较不同算法找出同样的最优解所需计算时间，所以没有将最优解的结果展示在这个表内。从表5－6中可以看出，随着任务数量的增加，模型求解需要的时间越来越长。当任务数为10个时，三种方法都可以求出同样的最优解，但是分解模型所用的时间最短。当任务数增加为20个时，MIP模型的计算时间剧增，CP模型则因为内存不足，无法求出最优解，但是分解模型在相对短的时间内，可以迅速找到同样的最优解。当任务数增加为30个时，MIP只有一个算例可以求出最优解，分解模型可以迅速计算出三个算例的最优解。所以，分解算法不仅能极大地缩短了计算时间，甚至能够在较短时间内解出其他两种方法无法求解的问题（见表5－6）。

表5－6　计算性能比较（求解时间：秒）

任务	α	β	γ	MIP模型	CP模型	分解算法
10	25	50	25	0.59	0.68	0.051
	50	25	25	0.55	0.79	0.030
	70	5	25	0.48	0.38	0.070
20	25	50	25	3 144.01	*	0.633
	50	25	25	51.93	*	0.410
	70	5	25	16.39	149.5	0.090
30	25	50	25	>7 200	*	0.766
	50	25	25	>7 200	*	0.172
	70	5	25	1 434.43	*	0.078

*表示内存不足

（四）多目标问题的有效基准

表5－7至表5－15给出了三个目标权重不断变化后得出的一系列最优解。几乎大部分问题都可以在几秒钟内找出最优解，只有当$\gamma = 0$时，在2个小时内仍然无法求出最优解，所以，省略了这组数据。权重参数取值的变化规律如下：所有权重参数的和一直保持为100，其中一个参数保持24，50，75中的一个值不变，其余两个参数则以±5不断变化。从结果可以看出，大部分最优解并没有随参数的变化而变化，对于最优解没有呈现均匀分布这一特性，Das和Dennis在他们关于Pareto最优解的研究中指出，权重的均匀变化并不会导致最优结果的均匀变化，同时也指出这种加权和的处理方法可以找出所有的Pareto最优解。

当总时间在决策中的权重占25的时候（见表5－7），三个最优解决方案分别是：(495，3，20)，(494，4，20)，(483，3，21)；当总时间的权重占50和75的时候（见表5－8，5－9），得出了同样的最优解：(495，3，20)，(494，4，20)。当成本的权重占25的时候（见表5－10），找到的最优解：(494，4，20)，(483，3，21)，(472，3，23)，(470，1，24)；当成本的权重占50的时候（见表5－11），找到的最优解：(495，3，20)，(494，4，20)；当成本的权重占75的时候（见表5－12），找到的最优解：(483，3，21)，(471，7，23)，

（461，7，26），（452，14，30）。当延迟的权重占25的时候（见表5－13），找到的最优解：（495，3，20），（494，4，20），（483，3，21），（472，3，23），（452，14，30）；当延迟的权重占50的时候（见表5－14），找到的最优解：（495，3，20），（494，4，20），（483，3，21），（480，0，22），（470，1，24）；当延迟的权重占75的时候（见表5－15），找到的最优解：（495，3，20），（488，0，21），（480，0，22），（470，1，24）。总的来说，一共找到10个最优解决方案（见图5－2），试图通过控制成本（Cost）、延迟（Tardiness）、总时间（Makespan）三者之间的权重，提供给决策者有关此多目标分组排序的决策参考，帮助决策者对问题从不同角度权衡利弊，从而作出明智决策。

控制成本、缩短工期和减少任务延迟是分组排序问题的三个基本目标，在实际环境中，决策者通常需要兼顾三者并在三者之间进行权衡，多目标分组排序问题的研究有利于帮助决策者处理复杂的灾难环境。然而，多目标的引入也增加了问题求解难度，单纯的MIP模型或CP模型都无法在有效时间内解决相当规模的此类问题，针对数学规划擅长寻找最优、约束规划擅长排序的特点，本书将两类方法整合起来，提出一个基于Benders分解算法。基本思想为将原问题分解成一个主优化MIP模型和多个子优化CP模型，主优化模型主要解决问题的分组部分，子优化CP模型则负责问题的排序部分，并检验主模型的最优解对原问题是否可行，即是否有效排序。分解后的子问题规模远低于原问题，并且它们各自独立运行，所以算法的计算效率比常规方法要高出许多。

表5－7　$\gamma=25$

序号	α	β	γ	成本（美元）	延迟（天）	总时间（天）	计算时间（秒）
1	0	75	25	497	3	20	1.834
2	5	70	25	495	3	20	1.812
3	10	65	25	495	3	20	1.545
4	15	60	25	495	3	20	1.672
5	20	55	25	495	3	20	1.187
6	25	50	25	495	3	20	0.766
7	30	45	25	495	3	20	0.547
8	35	40	25	495	3	20	0.673

（续上表）

序号	α	β	γ	成本（美元）	延迟（天）	总时间（天）	计算时间（秒）
9	40	35	25	494	4	20	0.500
10	45	30	25	494	4	20	0.391
11	50	25	25	483	3	21	0.172
12	55	20	25	483	3	21	0.156
13	60	15	25	483	3	21	0.079
14	65	10	25	483	3	21	0.078
15	70	5	25	483	3	21	0.078
16	75	0	25	483	240	21	<0.001

表 5-8 $\gamma=50$

序号	α	β	γ	成本（美元）	延迟（天）	总时间（天）	计算时间（秒）
1	0	50	50	497	3	20	1.264
2	5	45	50	495	3	20	1.391
3	10	40	50	495	3	20	1.359
4	15	35	50	495	3	20	0.906
5	20	30	50	495	3	20	0.485
6	25	25	50	494	4	20	0.328
7	30	20	50	494	4	20	0.110
8	35	15	50	494	4	20	0.156
9	40	10	50	494	4	20	0.094
10	45	5	50	494	4	20	0.063
11	50	0	50	494	240	20	0.016

表 5－9 $\gamma=75$

序号	α	β	γ	成本（美元）	延迟（天）	总时间（天）	计算时间（秒）
1	0	25	75	495	3	20	1.001
2	5	20	75	495	3	20	1.609
3	10	15	75	495	3	20	0.469
4	15	10	75	494	4	20	0.172
5	20	5	75	494	4	20	0.094
6	25	0	75	494	240	20	0.031

表 5－10 $\alpha=25$

序号	α	β	γ	成本（美元）	延迟（天）	总时间（天）	计算时间（秒）
1	25	0	75	494	240	20	0.016
2	25	5	70	494	4	20	0.047
3	25	10	65	494	4	20	0.095
4	25	15	60	494	4	20	0.203
5	25	20	55	494	4	20	0.235
6	25	25	50	494	4	20	0.280
7	25	30	45	495	3	20	0.485
8	25	35	40	495	3	20	0.469
9	25	40	35	495	3	20	0.625
10	25	45	30	495	3	20	0.718
11	25	50	25	495	3	20	0.828
12	25	55	20	495	3	20	1.110
13	25	60	15	488	0	21	3.751
14	25	65	10	488	0	21	3.769
15	25	70	5	480	0	22	14.203

表 5-11 $\alpha=50$

序号	α	β	γ	成本（美元）	延迟（天）	总时间（天）	计算时间（秒）
1	50	0	50	494	240	20	0.016
2	50	5	45	494	4	20	0.046
3	50	10	40	494	4	20	0.031
4	50	15	35	494	4	20	0.109
5	50	20	30	494	4	20	0.141
6	50	25	25	483	3	21	0.204
7	50	30	20	483	3	21	0.109
8	50	35	15	483	3	21	0.780
9	50	40	10	472	3	23	3.655
10	50	45	5	470	1	24	2 923

表 5-12 $\alpha=75$

序号	α	β	γ	成本（美元）	延迟（天）	总时间（天）	计算时间（秒）
1	75	0	25	483	240	21	0.031
2	75	5	20	483	3	21	0.140
3	75	10	15	471	7	23	0.062
4	75	15	10	461	7	26	3.765
5	75	20	5	452	14	30	500

表 5-13 $\beta=25$

序号	α	β	γ	成本（美元）	延迟（天）	总时间（天）	计算时间（秒）
1	0	25	75	495	3	20	1.077
2	5	25	70	495	3	20	1.344
3	10	25	65	495	3	20	0.657
4	15	25	60	495	3	20	0.734

（续上表）

序号	α	β	γ	成本（美元）	延迟（天）	总时间（天）	计算时间（秒）
5	20	25	55	495	3	20	0.658
6	25	25	50	494	4	20	0.265
7	30	25	45	494	4	20	0.282
8	35	25	40	494	4	20	0.250
9	40	25	35	494	4	20	0.172
10	45	25	30	494	4	20	0.187
11	50	25	25	483	3	21	0.266
12	55	25	20	483	3	21	0.110
13	60	25	15	472	3	23	1.703
14	65	25	10	472	3	23	4.453
15	70	25	5	452	14	30	1 998

表 5－14 $\beta=50$

序号	α	β	γ	成本（美元）	延迟（天）	总时间（天）	计算时间（秒）
1	0	50	50	497	3	20	1.297
2	5	50	45	495	3	20	1.375
3	10	50	40	495	3	20	1.313
4	15	50	35	495	3	20	1.718
5	20	50	30	495	3	20	0.875
6	25	50	25	494	4	20	0.797
7	30	50	20	494	4	20	1.342
8	35	50	15	483	3	21	1.156
9	40	50	10	480	0	22	6.705
10	45	50	5	470	1	24	724

表 5－15 $\beta=75$

序号	α	β	γ	成本（美元）	延迟（天）	总时间（天）	计算时间（秒）
1	0	75	25	496	3	20	1.844
2	5	75	20	495	3	20	2.250
3	10	75	15	495	3	20	2.220
4	15	75	10	488	0	21	2.751
5	20	75	5	480	0	22	3.111

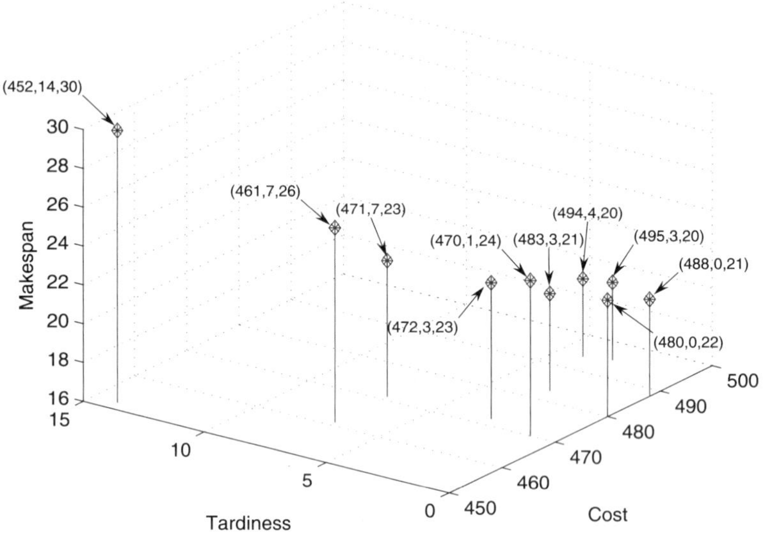

图 5－2 多目标规划问题的有效基准

第四节 序贯决策问题的全局最优

应急恢复决策问题的第一步为制订应急抢修方案（网络修复方案），第二步为方案制定执行计划（对抢修资源的多目标分组排序），可分别用两个抽象数学模型 P1 和 P2 来表示：

$$
\begin{aligned}
&(\mathrm{P1}) \quad && \min\ c_1^{\mathrm{T}} x_1 \\
& && s.t.\quad A_1 x_1 = b_1 \\
&(\mathrm{P2}) \quad && \min\ c_2\ (x_1)^{\mathrm{T}} x_2 \\
& && s.t.\quad A_2\ (x_1)\ x_2 = b_2\ (x_1)
\end{aligned}
$$

第二个问题的输入来自第一个问题的输出，分组排序中的任务集来自于前一个科学问题的输出，即抢修方案。前一个决策问题综合规划抢修任务集，后一个决策问题负责将有限的应急资源合理地分配给各抢修任务。前一个问题的输出作为后一个问题的输入。此分步过程容易导致次优问题（Sequential Optimality）的产生。

分步决策导致了问题 P2 中的 x_1 被 x_1^* 所替代，其中 x_1^* 是 P1 的最优解。第二步解决的问题实际上变成了（P2′）：

$$
\begin{aligned}
&(\mathrm{P2'}) \quad && \min\ c_2\ (x_1^*)^{\mathrm{T}} x_2 \\
& && s.t.\quad A_2\ (x_1^*)\ x_2 = b_2\ (x_1^*)
\end{aligned}
$$

P2′是在最优解 x_1^* 基础上建立的，x_1 被 x_1^* 替代，导致了第二个问题 P2 的可行域缩小。原 P2 问题应该搜索所有可能的 x_1 的值，现在 P2′被固定为一个特殊值 x_1^*，可行域的缩小最终导致了次优问题的出现。所以需要在解决此类问题的计算效率的同时还应避免次优问题的出现。

要解决此序贯决策中可能产生的次优问题，应避免模型 P2 中的 x_1 被 x_1^* 替代的发生。所以，理论上算法应该搜索所有可能的 x_1 值，然而考虑到计算的复杂性和所需要的计算资源，全局搜索在实践中是不可行的，可考虑设计一种 Heuristic 算法，只搜索 x_1^* 的附近区域，在问题求解的质量和计算性能之间折中。如何设计有效的搜索路线，何时停止搜索，都将是需要解决的难点问题。

第五节　序贯应急决策的综合模型

以电力网络系统的抢修问题为例，问题涉及方案的制订以及资源的调度两个方面。将整个电网用图 $G\ (V,\ E)$ 表示，其中集合 E 包括电网中所有线路，集合 V 包括所有供应节点 V^S、需求节点 V^D 和传输节点 V^T，用 E'表示所有待选修复线路的集合。网络中的每一节点 $i\in V$ 和每一条线路 $(i,\ j)\ \in E$ 都有自己的容量限制，分别为 b_i 和 $u_{(i,j)}$。线路上的电力传输成本为 $res\_\ c_{(i,j)}$，$(i,\ j)\ \in E$，受损线路的维修成本为 $ins\_\ c_{(i,j)}$，$(i,\ j)\ \in E'$。将所有的维修资源进行分组，$m\in M$，每个抢修小组因能力、配置的差别，在执行抢修任务 $(i,\ j)\ \in E'$时所需时

间 $p_{(i,j),m}$ 与成本 $sche\_c_{(i,j),m}$ 也各不相同。抢修任务的完成有时间上的要求，即每个任务都有其要求的完成时间 $d_{(i,j)}$。问题要求确定修复路线，并调度维修资源，所以，优化抢修方案并合理调度资源是此问题的基本要求。

上述决策问题可总结如下：对受损的电力网络进行重新设计，确定抢修方案，并将抢修方案中的所有抢修任务分配给抢修小组，为每个小组制订执行计划。抢修方案的确定：制定执行计划，对问题进行定量建模，可采用 MIP 模型描述此决策问题。二元变量 $y_{(i,j),m}$，$(i, j) \in E'$ 连接了问题的方案制订部分与执行计划部分，选择修复线路并指定执行小组。当确定由抢修小组 m 来修复线路 (i, j)，$(i, j) \in E'$ 时，该二元变量取值为 1，否则为 0。变量 $x_{(i,j)}$，$(i, j) \in E$ 表示电网中传输线路 (i, j) 上的电量，变量 res_s_i，$i \in V^D$ 表示电力需求节点 i 上的电力短缺，与之相对应的有惩罚系数 w_i。二元变量 $z_{(i_1,j_1),(i_2,j_2)}$ 为排序变量，用于制定执行计划。当线路 (i_1, j_1) 与线路 (i_2, j_2) 都被选定为修复对象并被分配给同一抢修小组，并且该小组先修复线路 (i_1, j_1) 再修复线路 (i_2, j_2) 时，该变量取值 1，否则为 0。变量 $t_{(i,j)}$ 为开始修复线路 (i, j) 的时间，变量 $sche\_s_{(i,j)}$ 为线路 (i, j) 的修复比其要求 $d_{(i,j)}$ 延迟的时间，变量 v 则为修复整个电网所需时间，也是最后一条线路修复的完成时间。通过以上这些决策变量，决策问题可以表示为如下 MIP 模型：

$$(P)\ \min \sum_{(i,j) \in E} res\_c_{(i,j)} x_{(i,j)} + \sum_{i \in V^D} w_i Res\_s_i + \sum_{(i,j) \in E'} (ins\_c_{(i,j)} + 1) \sum_{m \in M} y_{(i,j),m} + \alpha \sum_{(i,j) \in E'} \sum_{m \in M} sche\_c_{i,j,m} y_{(i,j),m} + \beta \sum_{(i,j) \in E'} sche\_s_{(i,j)} + \gamma v \tag{116}$$

$$\text{subject to} \sum_{(i,j) \in E} x_{(i,j)} \leqslant bi,\quad \forall i \in V^S \tag{117}$$

$$\sum_{(i,j) \in E^{pr}} x_{(i,j)} + Res\_s_j = b_j,\quad \forall j \in V^D \tag{118}$$

$$\sum_{(i,j) \in E^{pr}} x_{(i,j)} - \sum_{(j,l) \in E} x_{(j,l)} = 0,\quad \forall j \in V^T \tag{119}$$

$$\sum_{(i,j) \in E^{pr}} x_{(i,j)} \leqslant b_i,\quad \forall j \in V^T \tag{120}$$

$$x_{(i,j)} \leqslant u_{(i,j)},\quad \forall\ (i, j) \in E \tag{121}$$

$$x_{(i,j)} \leqslant u_{(i,j)} \sum_{m \in M} y_{(i,j),m},\quad \forall\ (i, j) \in E' \tag{122}$$

$$t_{(i,j)} + \sum_{m \in M} p_{(i,j),m} y_{(i,j),m} - sche\_s_{(i,j)} \leqslant d_{(i,j)},\quad \forall\ (i, j) \in E' \tag{123}$$

$$t_{(i,j)} + \sum_{m \in M} p_{(i,j),m} y_{(i,j),m} \leqslant v,\quad \forall\ (i, j) \in E' \tag{124}$$

$$\sum_{i,j \in E'} p_{(i,j),m} y_{(i,j),m} \leqslant v,\quad \forall m \in M \tag{125}$$

$$t_{(i_1,j_1)} + \sum_{m \in M} p_{(i_1,j_1),m} y_{(i_1,j_1),m} - U\ (1 - z_{(i_1,j_1),(i_2,j_2)}) \leqslant t_{(i_2,j_2)},\quad \forall\ (i_1, j_1),\ (i_2, j_2) \in E' \tag{126}$$

$$z_{(i_1,j_1),(i_2,j_2)} + z_{(i_2,j_2),(i_1,j_1)} \geqslant y_{(i_1,j_1),m} + y_{(i_2,j_2),m} - 1, \ \forall (i_1, j_1), (i_2, j_2) \in E' \tag{127}$$

$$z_{(i_1,j_1),(i_2,j_2)} + z_{(i_2,j_2),(i_1,j_1)} \leqslant 2 - y_{(i_1,j_1),m_1} + y_{(i_2,j_2),m_2}, \ \forall (i_1, j_1), (i_2, j_2) \in E', m_1, m_2 \in M \tag{128}$$

$$z_{(i_1,j_1),(i_2,j_2)} + z_{(i_2,j_2),(i_1,j_1)} \leqslant 1, \ \forall (i_1, j_1), (i_2, j_2) \in E' \tag{129}$$

$$\sum_{m \in M} y_{(i,j),m} \leqslant 1, \ \forall (i, j) \in E' \tag{130}$$

$$z_{(i_1,j_1),(i_2,j_2)} \leqslant \sum_{m \in M} y_{(i_1,j_1),m}, \ \forall (i_1, j_1), (i_2, j_2) \in E' \tag{131}$$

$$t_{(i,j)} \leqslant U \sum_{m \in M} y_{(i,j),m}, \ \forall (i, j) \in E' \tag{132}$$

$$sche\_ s_{(i,j)} \leqslant U \sum_{m \in M} y_{(i,j),m}, \ \forall (i, j) \in E' \tag{133}$$

$$x_{(i,j)} \geqslant 0, \ \forall (i, j) \in E' \tag{134}$$

$$res\_ s_i \geqslant 0, \ \forall i \in V^D \tag{135}$$

$$sche\_ s_{(i,j)} \geqslant 0, \ \forall (i, j) \in E' \tag{136}$$

$$v \geqslant 0 \tag{137}$$

$$y_{(i,j),m} \in \{0, 1\}, \ \forall (i, j) \in E', m \in M \tag{138}$$

$$z_{(i_1,j_1),(i_2,j_2)} \in \{0, 1\}, \ \forall (i_1, j_1), (i_2, j_2) \in E' \tag{139}$$

此模型的目标（116）为最小化恢复成本与调度成本。恢复成本包括网络流成本、电力短缺的损失以及修复成本，调度成本包括任务指派成本、任务延迟以及整体完成时间，后两项与时间有关，都通过成本/时间系数转化成相应成本，例如，每项修复任务延误一天，会产生一定费用，整个网络的恢复时间每缩短一天，会获得一定收益。约束（117）至（122）是基本的网络流平衡条件与容量限制，考虑对网络受损部分的修复以及网络流在修复后的网络上的重新分配。约束（123）至（129）则反映了对抢修任务的调度排序，其中约束（123）确保每项任务在其要求时间之前完成，如若不然，则计为任务延迟，约束（124）和（125）确保整体完成时间为所有抢修任务完成所需时间，约束（126）确保如果排序变量 $z_{(i_1,j_1),(i_2,j_2)}$ 取值为 1 时，两项抢修任务（线路（i_1，j_1）和线路（i_2，j_2））都分配给同一抢修小组，并且任务 *arc*（i_1，j_1）先执行，任务（i_2，j_2）后执行。$U = \sum_{(i,j) \in E'} \max_{m \in M} p_{(i,j),m}$ 为建模所需的一个上界。约束（127）确保如果两项抢修任务被分配给同一抢修小组，那么他们必须按先后顺序执行。约束（128）确保如果两项抢修任务分别被不同抢修小组执行，那么排序变量取值为 0，约束（129）确保排序变量取值的有效性。约束（130）确保每项抢修任务只需一个抢修小组来执行。约束（131）至（133）表示修复变量 $y_{(i,j),m}$ 与调度变量（包括

$z_{(i_1,j_1),(i_2,j_2)}$、$t_{(i,j)}$ 以及 $sche\_s_{(i,j)}$）之间的逻辑关系：受损线路只有被选入修复方案中（$\sum_{m\in M} y_{(i,j),m}=1$），才需要安排执行计划，即作为一项需要调度的抢修任务。

第六节　序贯决策问题的算法设计

上一节中的 MIP 模型（P）属于计算难度较大的一类问题，在模型中存在属于组合问题的排序优化，这部分约束条件呈对称性（Symmetry），导致常规的分支定界算法无法对模型进行有效求解。本节借鉴 Benders 算法的分解思想，将原问题分解成多个问题，通过修改 Benders 切（Benders Cuts）的设计原理，提高问题的求解性能。其中，分解后的主问题主要负责原问题的修复方案制订和任务分配部分，分解后的子问题则负责对每一个抢修小组制定执行计划，即对分配到同一小组的所有抢修任务制定执行的先后顺序，基于逻辑推导，设计循环算法将主问题与子问题联系起来，并生成相应整数切，直到找到原问题的最优解。

一、主问题

分解后的主问题模型是在原问题模型（P）的基础上，去掉排序部分相关的约束条件（约束（126）至（129））而成，记为 MP，如下所示：

$$(MP)\ \min \sum_{(i,j)\in E} res\_c_{(i,j)} x_{(i,j)} + \sum_{i\in V^D} w_i Res\_s_i + \sum_{(i,j)\in E'} (ins\_c_{(i,j)}+1) \sum_{m\in M} y_{(i,j),m} + \alpha \sum_{(i,j)\in E'} \sum_{m\in M} sche\_c_{i,j,m} y_{(i,j),m} + \beta \sum_{(i,j)\in E'} sche\_s_{(i,j)} + \gamma v \tag{140}$$

$$\text{subject to} \sum_{(i,j)\in E} x_{(i,j)} \leqslant b_i,\quad \forall i\in V^S \tag{141}$$

$$\sum_{(i,j)\in E^{pr}} x_{(i,j)} + Res\_s_j = b_j,\quad \forall j\in V^D \tag{142}$$

$$\sum_{(i,j)\in E^{pr}} x_{(i,j)} - \sum_{(j,l)\in E} x_{(j,l)} = 0,\quad \forall j\in V^T \tag{143}$$

$$\sum_{(i,j)\in E^{pr}} x_{(i,j)} \leqslant b_i,\quad \forall j\in V^T \tag{144}$$

$$x_{(i,j)} \leqslant u_{(i,j)},\ \forall\ (i,j)\in E \tag{145}$$

$$x_{(i,j)} \leqslant u_{(i,j)} \sum_{m\in M} y_{(i,j),m},\quad \forall\ (i,j)\in E' \tag{146}$$

$$\sum_{m\in M} y_{(i,j),m} \leqslant 1,\quad \forall\ (i,j)\in E' \tag{147}$$

$$t_{(i,j)} + \sum_{m\in M} p_{(i,j),m} y_{(i,j),m} - sche\_s_{(i,j)} \leqslant d_{(i,j)},\quad \forall\ (i,j)\in E' \tag{148}$$

$$t_{(i,j)} + \sum_{m\in M} p_{(i,j),m} y_{(i,j),m} \leqslant v,\quad \forall\ (i,j)\in E' \tag{149}$$

$$\sum_{(i,j)\in E'} p_{(i,j),m} y_{(i,j),m} \leqslant v,\quad \forall m\in M \tag{150}$$

$$integer\ cuts \tag{151}$$

$$x_{(i,j)} \geqslant 0, \ \forall \ (i, j) \in E' \tag{152}$$

$$res\_s_i \geqslant 0, \ \forall i \in V^D \tag{153}$$

$$sche\_s_{(i,j)} \geqslant 0, \ \forall \ (i, j) \in E' \tag{154}$$

$$v \geqslant 0 \tag{155}$$

$$y_{(i,j),m} \in \{0, 1\}, \ \forall \ (i, j) \in E', \ m \in M \tag{156}$$

模型 *MP* 包括了所有网络修复约束与抢修任务分配约束（约束（141）至（147）），同时还有一些简单的排序条件（约束（148）至（150））。约束（151）是整数切，随着算法的不断进行，整数切的数量会越来越多，对主问题的限制越来越严格，最终指向最优解。注意模型 *MP* 并没有有效的排序约束，所以即便主问题的解中也含排序部分（即延迟 $sche\_s$ 与整体完成时间 v），但是这部分解并不是原问题的可行解。主问题并未对问题的排序部分进行有效的约束，无法保证这部分解的可行性，所以需要子问题来完成这部分任务。

二、子问题

根据上述对主问题模型的分析可知模型 *MP* 解决了原问题的部分，剩余的部分将由子问题来解决，验证主问题得到的最优解是否能扩展到问题的全部，即子问题也可获得与主问题相同的最优延迟与整体完成时间之和，这两项的有效性只能依赖子问题验证。如果验证有效，则主问题得到的最优解也是原问题的最优解；否则，需要选择其他解。

主问题求出的变量值 $y_{(i,j),m}$ 决定了抢修任务的分配，所以每个抢修小组会被分配一组抢修任务，$E_m = \{(i, j) \in E' : y_{(i,j),m} = 1\}$，对于这组任务的最优排序，记为 *SP*，如下所示：

$$(SP) \quad \beta \sum_{(i,j) \in E_m} sche\_s'_{(i,j)} + \gamma v' \tag{157}$$

$$\text{subject to} \sum_{(i_2,j_2) \in E_m} p_{(i_2,j_2),m} z'_{(i_2,j_2),(i_1,j_1)} \leqslant t_{(i,j)}, \ \forall \ (i_1, j_1), (i_2, j_2) \in E_m \tag{158}$$

$$t_{(i,j)} + p_{(i,j),m} \leqslant d_{(i,j)} + sche\_s'_{(i,j)}, \ \forall \ (i, j) \in E_m \tag{159}$$

$$t_{(i,j)} + p_{(i,j),m} \leqslant v', \ \forall \ (i, j) \in E_m \tag{160}$$

$$z_{(i_1,j_1),(i_2,j_2)} + z_{(i_2,j_2),(i_1,j_1)} = 1 \quad \forall \ (i_1, j_1), (i_2, j_2) \in E_m \tag{161}$$

$$z_{(i_1,j_1),(i_2,j_2)} + z_{(i_2,j_2),(i_3,j_3)} + z_{(i_3,j_3),(i_1,j_1)} \geqslant 1$$

$$\forall\ (i_1,\ j_1),\ (i_2,\ j_2),\ (i_3,\ j_3)\ \in E_m \tag{162}$$

$$z_{(i_1,j_1),(i_2,j_2)} + z_{(i_2,j_2),(i_3,j_3)} + z_{(i_3,j_3),(i_1,j_1)} \leqslant 2$$

$$\forall\ (i_1,\ j_1),\ (i_2,\ j_2),\ (i_3,\ j_3)\ \in E_m \tag{163}$$

$$t_{(i,j)} \geqslant 0,\ \forall\ (i,\ j)\ \in E_m \tag{164}$$

$$sche\_\ s'_{(i,j)} \geqslant 0,\ \forall\ (i,\ j)\ \in E_m \tag{165}$$

$$v' \geqslant 0 \tag{166}$$

$$z_{(i_1,j_1),(i_2,j_2)} \in \{0,\ 1\},\ \forall\ (i_1,\ j_1),\ (i_2,\ j_2)\ \in E_m \tag{167}$$

模型 *SP* 试图为每个抢修小组制定最优的执行计划，能够最小化任务延迟和整体完成时间，即解决原问题的调度排序部分。约束（158）确保任务（i_1，j_1）在开始执行之前，所有安排在它之前的任务都已完成。约束（159）确保每项任务在其要求完成时间之前完成，否则会出现延迟。约束（160）限制整体完成时间为完成所有任务所需时间。约束（161）－（163）采用基本的判断逻辑来确保排序变量 $z_{(i_1,j_1),(i_2,j_2)}$ 取值的有效性，包括两项任务必须有前后顺序，三项任务之间的顺序关系必须满足三角形不等式。

三、算法

综上所述，原问题被分解为一个主问题 *MP* 和若干个子问题 *SP*。现令 $y^{k}_{(i,j),m}{}^{*}$，$sche\_s^{k*}$，v^{k*} 为主问题在第 k 次循环时所求出的最优解。对于每一个抢修小组，都会创建一个子问题模型 *SP*，为该小组制定任务执行计划。令 $sche\_s'^{(m,k)*}$，$v'^{(m,k)*}$ 为抢修小组对应的子问题 m 在第 k 次循环时所求出的最优解。一旦主问题确定修复方案（选定抢修任务）并分配任务结果，子问题不会改变它们，所以，在每一次循环中，只需要关注与排序有关的结果，即最小延迟和整体完成时间，比较主问题与子问题在这部分是否能够取得一致的结果。如前所述，在子问题中，这两项有关的变量受到了严格的限制，所以子问题求出的最小值总是要大于主问题的值（对最小优化问题，宽松的约束条件意味着更小的最优值）。现引入一个新的变量用于比较：

$$D^{(m,k)} = \sum_{(i,j)\in E^k_m} (sche\_s')^{(m,k)*}_{(i,j)} - \sum_{(i,j)\in E^k_m} (sche\_s)^{k}_{(i,j)}{}^{*} + \max\ \{\ (v')^{(m,k)*} - v^{k*},\ 0\} \tag{168}$$

其中，$E^k_m = \{\ (i,\ j)\ \in E' : y^{k}_{(i,j),m}{}^{*} = 1\}$

$$F^{(m,k)} = \begin{cases} 1 & \text{if } D^{(m,k)} > 0 \\ 0 & \text{if } D^{(m,k)} \leqslant 0 \end{cases}$$

$D^{(m,k)}$作为比较子问题与主问题的最优延迟与整体完成时间之用。当$\sum_{m \in M} D^{(m,k)} = 0$时，主问题与子问题就排序部分可取得一致结果，即主问题最优解中排序部分的有效性已由子问题得到验证，原问题被解决；否则，需要利用判断逻辑生成整数切，提高当前解的质量。本质上，有互斥的两类情况会导致不一致：①抢修任务的确定和分配有误；②延迟与整体完成时间的取值不是足够大。所以，整数切要么切除当前的任务确定和分配方案，要么增加延迟与整体完成时间的取值。约束（169）通过强制修改恢复变量$y_{(i,j),m}$，$(i, j) \in E_m^k$的取值切除掉当前的任务选定与分配方案，此约束只涉及当前被分配给抢修小组m的任务，所以能够快速缩小问题的可行域。约束（170）对任务延迟和整体完成时间设置最小下界，增加它们的取值，此下界来自于当前子问题求出的最优解，通过该下界将排序相关变量$sche_s_{(i,j)}i$，$(i, j) \in E_m^k$和v推向最优值。

$$F^{(m,k)} \sum_{(i,j) \in E_m^k} y_{(i,j),m} \leqslant \sum_{(i,j) \in E_m^k} y_{(i,j),m}^{k\ *} - 1 \tag{169}$$

or

$$\sum_{(i,j) \in E_m^k} \beta\ (sche\_s)_{(i,j)} + \gamma v \geqslant F^{(m,k)} \left[\sum_{(i,j) \in E_m^k} \beta\ (sche\_s')_{(i,j)}^{(m,k)\ *} + \gamma\ (v')^{(m,k)\ *} \right] \tag{170}$$

将原问题分解为两部分：修复方案制订和任务分配部分，各抢修小组的任务调度排序部分。主问题主要制订修复方案和分配任务，随着算法不断循环，越来越多的整数切加入主问题模型中。先对主问题求解，根据任务分配结果，建立子问题。子问题主要负责为各小组制订执行计划，对所分配的任务按顺序执行，为每个抢修小组建立一个子问题模型。如果子问题不可行，则产生一个整数切，切除当前这一小组的任务分配方案；否则，将其最优值与主问题目标函数值中的相应部分进行比较。如果比较结果相同，原问题被解决，当前的最优解即为原问题的最优解；否则，析取整数切会被加入到主问题，算法从开始处继续同样的流程。图示算法可概括如下：在每一次循环中，子问题检查主问题的最优解是否可以扩展到原问题，是否是有效调度排序，如果是，算法停止，找到最优解；否则，生成相应的整数切加入主问题中。

算法的收敛性可证明如下：

首先，将原问题模型抽象成如下形式：

$$(\mathrm{H})\ \min c_1^T x + c_2^T y + c_3^T s + c_4^T v \tag{171}$$

$$s.t. \quad Ax + By + Cs + Dv \leqslant b \tag{172}$$

$$\bar{B}\bar{y} + \bar{C}\bar{s} + \bar{D}\bar{v} \leqslant \bar{b} \tag{173}$$

$$y \Leftrightarrow \bar{y} \tag{174}$$

$$s \Leftrightarrow \bar{s} \tag{175}$$

$$v \Leftrightarrow \bar{v} \tag{176}$$

$$x \in R^m,\ y \in \{0,1\}^p,\ s \in R^n,\ v \in R^q$$

$$\bar{y},\ \bar{s},\ \bar{v} \in Z$$

第一部分的约束条件（178）表示问题的恢复方案制订和任务分配部分，第二部分的约束条件（173）表示问题的调度排序部分。Z 代表调度排序部分所涉及的变量的值域为整数型。约束（174）至（176）试图将问题第一部分的变量（y，s，v）与第二部分的变量（$\bar{y}$，$\bar{s}$，$\bar{v}$）联系起来。

定理 1 算法会收敛于问题（H）的最优解，或者证明问题无解。

证明 问题（H）中的变量（x，y，s，v）都存在有效上界，并不是无界问题，所以该问题要么可行，要么不可行。如果问题（H）是可行的，分解算法中的主问题在第 K 次循环后可表示如下：

$$(M^k) \qquad \min\ c_1{}^T x + c_2{}^T y + c_3{}^T s + c_4{}^T v \tag{177}$$

$$s.t. \quad Ax + By + Cs + Dv \leqslant b \tag{178}$$

$$or\begin{pmatrix} \sum_{(i,j)\in E_m^k} y_{(i,j),m} \leqslant \sum_{(i,j)\in E_m^k} y_{(i,j),m}^k - 1 \\ c_2{}^T s + c_3{}^T v \geqslant c_2{}^T \bar{s}^k + c_3{}^T \bar{v}^k \end{pmatrix} \tag{179}$$

$$k \in 1, 2, 3, \cdots, K-1 \tag{180}$$

$$x \in R^m,\ y \in \{0,1\}^p,\ s \in R^n,\ v \in R^q \tag{181}$$

令 x^k，y^k，s^k，v^k 为上述模型 M^k 的最优解，相应的子问题可表示如下：

$$(CP^k)\ \min\ c_2{}^T \bar{s} + c_3{}^T \bar{v} \tag{182}$$

$$s.t. \quad \bar{B}\bar{y} + \bar{C}\bar{s} + \bar{D}\bar{v} \leqslant \bar{b} \tag{183}$$

$$\bar{s},\ \bar{v} \in Z \tag{184}$$

其中，$y^k \Leftrightarrow \bar{y}^k$。令 $\bar{s}^k$，$\bar{v}^k$ 为模型 CP^k 的最优解。对于在所有的循环 $k \leqslant K$ 中，都有主问题（M^k）可行，并且 $c_2{}^T s^k + c_3{}^T v^k < c_2{}^T \bar{s}^k + c_3{}^T \bar{v}^k$。一旦这两个条件中有任何一个不能满足，则算法不会走到第 K 次循环。主问题（M^k）是原问题（H）的松弛问题，所以不会是不可行的。同时，不断加入的整数切会缩小可行域，并保留原问题的最优解，不会切掉该最优解。问题的可行域是有界的，这样在不损失最优解的前提下不断缩小，最终会找到一个解使以下等式成立：

$c_2{}^T s^k + c_3{}^T v^k = c_2{}^T \bar{s}^k + c_3{}^T \bar{v}^k$。假定在第 K 次循环后，主问题找到一个解（x^k，y^k，s^k，v^k）使上述等式成立，那么这个解即为原问题（H）的最优解，并且此时求出的最优值即为原问题的最优值。所以，如果问题（H）是可行的，则算法最终会收敛于原问题的最优解。

如果问题（H）是不可行的，在算法停止之前，作为（H）松弛问题的主问题假设能找到可行解（否则问题（H）为不可行），但子问题（CP^k）将无法找到可行解（否则原问题存在可行解），根据算法会产生相应的整数切加入主问题，缩减主问题（M^k）的可行域范围，最终主问题的可行域会缩减为空，证明问题是不可行的。

四、计算性能

本节通过选取一些不同规模、不同难度的算例，考察算法的性能。这类问题的规模主要依赖于受损需修复的线路的数量以及工作组数量。我们设计了两种规模的问题，表 5－16 详细描述了这两种问题规模：小一些的问题，网络由 19 条边、11 个节点组成，其中受损的边有 9 条，共有 2 个抢修小组完成抢修任务；大一些的问题，网络由 38 条边、20 个节点组成，其中受损的边有 25 条，共有 3 个抢修小组完成抢修任务。对每一种问题，通过变动权重参数 α，β 和 γ 的取值，可获得不同难度的算例，总共有 24 个算例。

表 5－17 给出了小规模问题的 12 个算例的计算性能，对每一个算例，分别比较传统的 MIP 模型的计算时间与本节设计的分解算法的计算时间。从表中可以看出，两种方法都可以求出同样的最优解，但是分解算法所需时间更短。表 5－18 则给出了大规模问题的 12 个算例的计算性能，此规模问题的求解难度较高，所以两种方法都没有在短时间内找到最优解，表中列出了两种方法在 500 秒时间内找到的最优解的上界和下界，通过比较可以发现，本书设计的算法能够找出更好的上下界，即上界更小，下界更大，算法对最优解的范围的确定比传统的 MIP 方法更精确。所以，通过这 24 个算例比较，可以发现分解算法比传统的分支定界算法性能更好，会在更短的时间内找到最优解，或者在有限时间内找到更好的解。

表 5－16　算例规模

序号	边数	节点数	受损边数	抢修小组数
1	19	11	9	2
2	38	20	25	3

表 5－17　小规模问题的计算性能比较

序号	参数			计算时间（秒）		目标值
	α	β	γ	MIP 模型	算法	
1	5	75	20	0. 17	0. 109	28 949
2	5	45	50	0. 14	0. 078	28 584
3	5	20	75	0. 16	0. 016	28 659
4	25	50	25	0. 17	0. 078	28 649
5	25	70	5	0. 27	0. 095	28 589
6	25	5	70	0. 16	0. 000	28 784
7	50	25	25	0. 13	0. 06	28 824
8	50	45	5	0. 14	0. 094	28 764
9	50	5	45	0. 14	0. 016	28 884
10	75	5	20	0. 2	0. 015	28 984
11	75	20	5	0. 16	0. 157	28 939
12	100	0	0	0. 14	0. 016	330 404

表 5－18　大规模问题的计算性能比较

序号	参数			目标值上界		目标值下界	
	α	β	γ	MIP 模型	算法	MIP 模型	算法
1	5	45	50	118 092	115 698	111 028	111 653
2	5	20	75	115 588	115 143	112 953	113 753
3	25	50	25	117 551	117 076	112 084	11 2643
4	25	70	5	146 995	126 718	110 337	110 403
5	25	5	70	116 271	116 266[1]	115 870	
6	50	25	25	118 751	118 351	115 702	116 501
7	50	45	5	148 809	126 703	113 730	113 783
8	50	5	45	118 121	117 971	117 203	117 961
9	75	5	20	119 566	119 551	118 685	119 341
10	75	20	5	121 231	121 128	116 855	116 913

1－最优目标值在那里 6. 375 秒内找到。

第七节 应用案例

一、案例简介

将上述算法应用于实际问题中，仍然利用上一章中的实际案例中的电力网络数据。美国的电力传输一般是以变电站为中心通过馈电线向各个区域提供电力，沿馈电线的变压器将电压降为110伏或220伏提供给家庭和企业。如果变压器出问题，那么相关的家庭和企业就无法得到电力供应，如果馈电线出问题，那么更大范围会受到影响。在下曼哈顿地区，高压传输电首先被降压为69～123千伏，然后再降为13.5千伏，每个变电站为两个区提供电力，每个区都形成由8～28条馈电线组成的小型电网。整个下曼哈顿地区共分为30个区，由15个变电站提供电力。其中变电站的平均容量为400兆伏安，每条馈电线容量约为15兆伏安，其上有20～40个变压器将电压降为110伏或220伏。整个系统可以承受2条馈电线中断。一些关键设施，例如医院，电话总机房等，都设计了备用线路确保高的可靠性能，一些非关键的设施则直接连接到110伏或220伏电网。地铁的每段运行区间的电力供应都来自于直流整流器，它将13.5千伏的交流电转化为600伏的直流电供地铁运行使用。每段运行区间有两个直流整流器，每个容量为3兆瓦，一般一个就可以提供足够的电源，另一个主要作为备用。每个变电站的服务对象包括大约17个电话总机房，支持地铁运行区间的178个交流变直流整流器，以及区域内的所有民用和商业电。馈电线上的变压器简化为传输节点，110伏或220伏的电力需求都整合为一些末端需求节点。整个下曼哈顿区域按照需求分为1 892块，其中33%是商业需求，67%是民用需求，每块民用需求电量是2.3兆瓦，每块商用需求电量是10兆瓦。电网规模包括1 861个节点，3 557条边（传输线路），其中654条受损待修复，电力公司共组织了三个抢修小组。决策问题可描述如下：确定修复方案（选定抢修线路），制定执行计划（将所有抢修任务分配给三个小组，为每个小组确定任务执行顺序）。决策准则为最小化修复成本与执行成本。分别采用MIP模型和分解算法进行计算，计算时间为2小时，比较结算结果。

因问题规模过大，MIP模型的计算性能较低，所以采用了一个简单的探索式搜索算法稍加改进。首先，将原问题分成独立的两个优化问题，第一个优化问题类似第四章中的恢复模型（只考虑单层的电力系统网络），确定修复方案，选定抢修线路，得出最优修复成本。第二个优化问题类似本章中的多目标分组排序模型，将第一个问题中选定的抢修任务分配给三个抢修小组，为每个小组制定执行计划，得出最优执行成本。然后，算法回到第一个问题，加入整数切切掉上次循环中找出的最优修复方案，获得次优方案，对此次优方案制订执行计划，再次回到第一个问题，重复前面的操作（见图5－3）。此循环的基本思想为搜索最优的修复方案的附近区域，以避免本章前面部分讨论的将原问题分解后可能出现的局部优化与全局优化的矛盾。理论上，为避免全局最优解被局部优化解取代，应该找出所有的修复方案，对每一个修复方案计算最优执行方案，然后通过总成本的比较，确定整个问题的全局最优解。然而，找出所有可行修复方案在实践中并不可行，所以，改用一种探索式搜索，只搜索最优修复方案的附近区域。该区域范围如果太小，则最终解的质量并不高，如果区域范围过大，则需要更多的计算资源，所以对附近区域的定义是在计算质量与计算资源之间的权衡折中。常用的定义方法：计算时间，循环次数，次优解与最优解的差距。本例中附近区域的定义通过计算资源来制定，即在24小时的计算时间内可找到的最优修复方案及其周

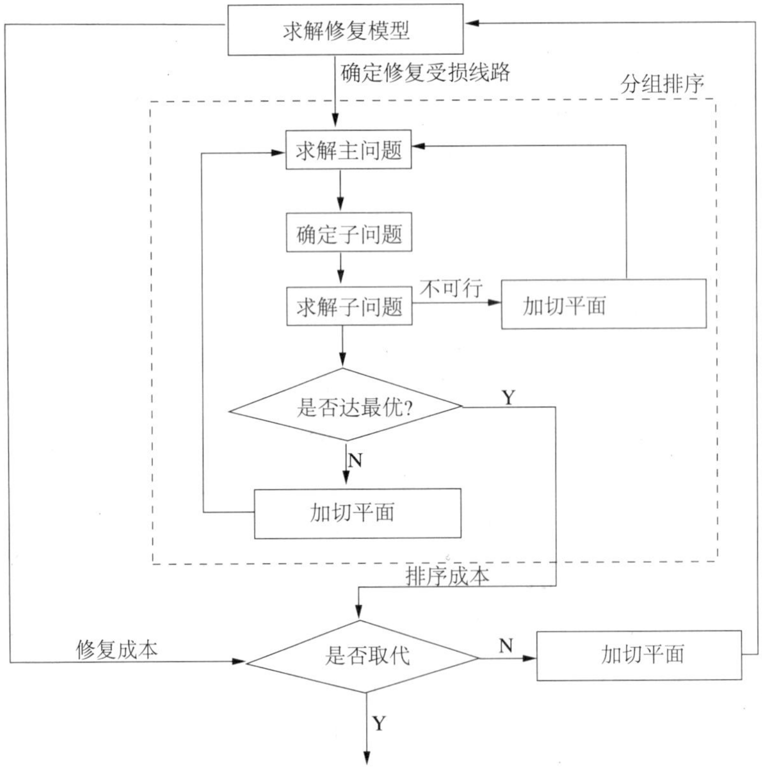

图5－3 探索式搜索算法

边区域的修复方案。

二、MIP 模型计算结果

表 5－19，5－20，5－21 分别给出了在不同决策权重情况下，利用搜索算法求出的最优解的情况。以表 5－19 为例，任务分配成本的权重为 50%，任务延迟的权重为 25%，整体完成时间的权重为 25%。一个成本为 $305 462（第一行第一列）的修复方案是循环第一次找出的最优方案，即没有添加任何整数切的修复模型计算出的最优解，此方案选定了 60 个待修复线路，作为 60 个任务进行到第二个模型——多目标分组排序模型，计算出的最优执行计划成本为 $24 925（如第三列所示，包括任务分配成本（第三列）、任务延迟（第四列）、整体完成时间（第五列）的加权和），所以，第一套修复方案与执行计划的总成本为 $330 387（第六列）。第二行给出除去第一套后最优的方案与计划成本情况，其

表 5－19　任务分配成本权重为 50% 的计算结果

序号	修复成本（美元）	执行成本（美元）	执行成本			总成本（美元）
			分组成本（美元）	延迟（天）	总时间（天）	
1	305 462	24 925	260	5	21	330 387
2	305 464	24 925	271	4	20	330 389
3	305 465	24 275	272	0	19	329 740
4	305 467	24 250	273	1	19	329 713
5	305 624	24 525	251	4	21	330 149
6	305 625	23 850	265	1	19	329 475
7	305 626	24 525	263	4	20	330 151
8	305 627	23 975	265	0	19	329 602
9	305 676	25 650	266	5	21	331 326
10	305 677	24 876	271	1	20	330 553
11	305 678	25 375	268	4	21	331 053
12	305 679	24 725	282	1	19	330 404
13	305 782	24 500	252	5	21	330 282

中修复成本为 $305 464，执行成本 $24 925，总成本为 $330 389。第三行给出除去前两套后最优的方案与计划成本情况，其中修复成本为 $305 465，执行成本 $24 275，总成本为 $329 740。从表中第一列的数据可以看出，随着越来越多的整数切被加入修复模型，修复方案的成本会越来越高，但是，我们同时也注意到有些修复方案的执行成本会非常低，例如第六行和第八行的执行成本。考虑到问题的规模较大，第二个多目标分组排序问题计算时间限制为 2 小时，所以，设置算法的执行时间为 24 小时。在 24 小时内，算法执行了 13 次循环，找出的最优解为总成本 $329 602 的修复方案与相应的执行计划，如表 5 – 19 中第八行所示，修复成本为 $305 627，执行成本为 $23 975。

同样地，当任务延迟的权重设为 50%，其他两者的权重都为 25% 时，找出的最优解为总成本 $323 375 的修复方案与相应的执行计划，如表 5 – 20 中第六行所示，修复成本为 $305 625，执行成本为 $17 750。当整体完成时间的权重设为 50%，其他两者的权重都为 25% 时，找出的最优解为总成本 $332 702 的修复方案与相应的执行计划，如表 5 – 21 中第八行所示，修复成本为 $305 627，执行成本为 $27 075。

表 5 – 20　任务延迟权重为 50% 的计算结果

序号	修复成本（美元）	执行成本（美元）	执行成本			总成本（美元）
			分组成本（美元）	延迟（天）	总时间（天）	
1	305 462	18 750	279	5	20	324 212
2	305 464	18 675	271	4	20	324 139
3	305 465	17 725	273	0	19	323 190
4	305 467	17 950	273	1	19	323 413
5	305 624	18 575	269	5	20	324 199
6	305 625	17 750	265	1	19	323 375
7	305 626	18 475	262	5	20	324 101
8	305 627	17 525	265	0	19	323 152
9	305 676	19 525	267	5	21	325 201

表 5－21 整体完成时间权重为 50% 的计算结果

序号	修复成本（美元）	执行成本（美元）	执行成本			总成本（美元）
			分组成本（美元）	延迟（天）	总时间（天）	
1	305 462	29 225	278	5	20	334 687
2	305 464	29 200	271	4	20	334 664
3	305 465	27 250	283	15	18	334 664
4	305 467	28 000	273	1	19	333 463
5	305 624	29 050	268	6	20	334 674
6	305 625	27 800	265	1	19	334 425
7	305 626	29 000	263	4	20	334 626
8	305 627	27 075	278	7	18	332 702
9	305 676	30 425	267	5	21	336 101
10	305 677	28 325	282	1	19	334 002
11	305 678	29 450	282	5	20	335 128

三、分解算法计算结果

表 5－22 给出了分解算法计算出的最优解。它们也分别在图 5－4、5－5、5－6 中表示出来，图中高亮显示部分即为选定修复方案中的线路。分解算法中的主问题在利用分支定界法计算时，判断误差（Gap Tolerance）均小于 0.015。分解算法的计算时间要远远低于搜索算法的 24 小时计算时间，同时也找出了更好的最优解（成本更小）。表 5－23、5－24 、5－25 分别列出了三种不同权重组合下不同解决方法的计算结果比较。以表 5－23 为例，任务分配成本的权重为 50%，任务延迟的权重为 25%，整体完成时间的权重为 25%。第二行为搜索算法（MIP 模型）的计算结果，总成本为 $329 475（最后一列）。第三行为分解算法的计算结果，总成本为 $329 036。分解算法只用了 1 024 秒（表 5－22 中的第一行第五列）就找出了质量更高的最优解，而搜索算法的计算时间长达 24 小时，最优解质量低于前者。同样，从表 5－24 可知，当任务延迟的权重为 50%，其余两项权重各为 25% 时，分解算法用了 4 401 秒就找出总成本为 $322 791 的最优解，而搜索算法在 24 小时后找到的最优解需要更高成本 $323 152。如表 5－25 所示，当整体完成时间的权重为 50%，其余两项权重各为 25% 时，分解算法用了1 000秒

找出总成本为＄331 780的最优解，而循环算法在24小时后找到的最优解需要更高成本＄332 702。

表5-22 分解算法计算结果

序号	α	β	γ	总成本（美元）	计算时间（秒）	误差
1	50	25	25	329 036	1 024	0.01
2	25	50	25	322 791	4 401	0.015
3	25	25	50	331 780	1 000	0.01

表5-23 分组成本权重50%

序号	修复成本（美元）	执行成本（美元）	执行成本			总成本（美元）
			分组成本（美元）	延迟（天）	总时间（天）	
1	305 462	24 925	260	5	21	330 387
2	305 625	23 850	265	1	19	329 475
3	309 911	19 125	215	5	15	329 036

表5-24 延迟权重50%

序号	修复成本（美元）	执行成本（美元）	执行成本			总成本（美元）
			分组成本（美元）	延迟（天）	总时间（天）	
1	305 462	18 750	279	5	20	324 212
2	305 627	17 525	265	0	19	323 152
3	308 341	14 450	234	7	15	322 791

表 5－25　总时间权重 50%

序号	修复成本（美元）	执行成本（美元）	执行成本			总成本（美元）
			分组成本（美元）	延迟（天）	总时间（天）	
1	305 462	29 225	278	5	20	334 687
2	305 627	27 075	278	7	18	332 702
3	309 830	21 950	212	6	15	331 780

比较搜索算法（见图 5－3）与分解算法（见图 5－1），可以发现循环算法是二层循环，而分解算法是一层循环。循环算法的内循环中计算分组排序需要耗费大量时间，但是结果对于外部循环的整数切并没有太多信息，只是简单地切除当前分组。然而，分解算法产生的整数切更严苛，不仅改变分组，同时还改变最优值，所以能够更快更准地向最优解逼近。此分解算法的设计使得在应急恢复中的关键基础设施系统的应急恢复决策问题能够得到快速有效的解答，不仅考虑决策目标的多样性，同时也考虑决策的序贯性，制订最优的修复方案和相应的执行计划。

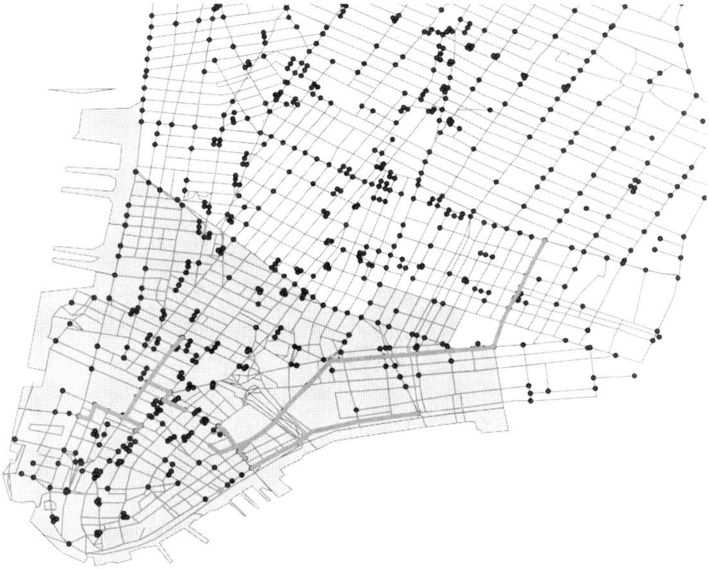

图 5－4　修复方案（分组成本权重 50%）

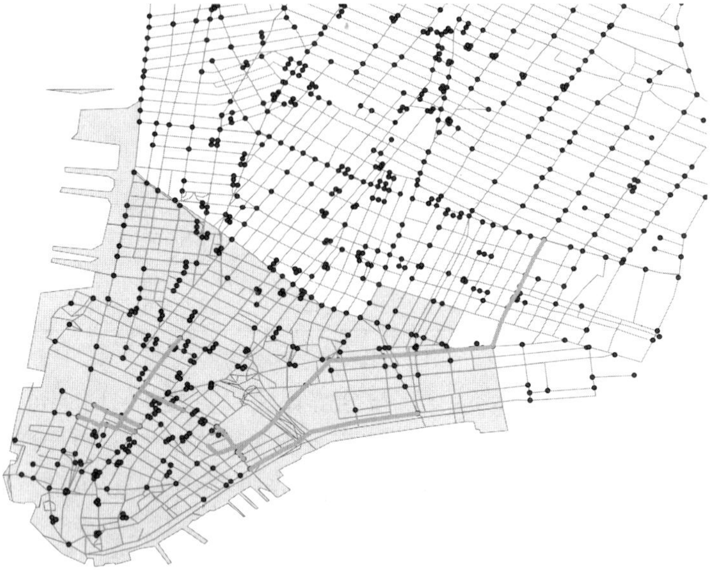

图5－5 修复方案（延迟权重50%）

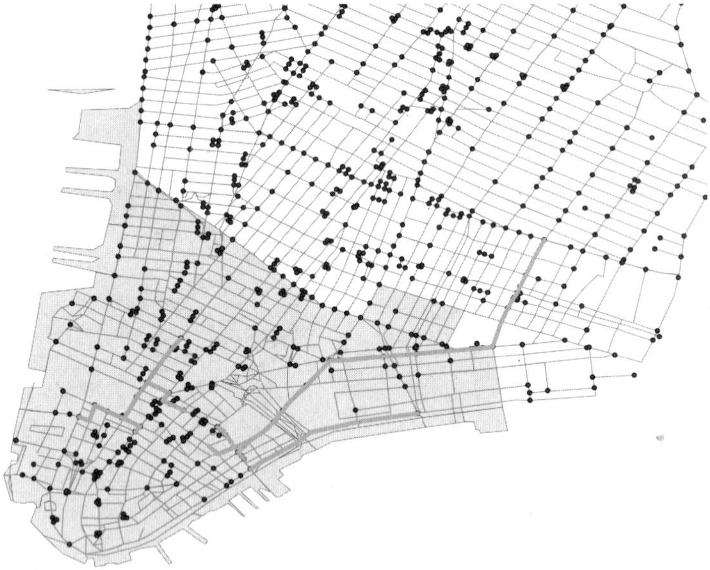

图5－6 修复方案（总时间权重50%）

第六章　应急物资储备与配送

应急物流是指为自然灾害、事故灾害、公共卫生、群体事件等突发性事件提供其所需的应急物资，并对应急物资进行运输、储备、配送、包装、装卸搬运、流通加工、信息处理等，为实现一定目标（时间效益最大化和灾害损失最小化）的物流活动。本章主要讨论其中的储备与配送两个环节。

第一节　应急资源简介

应急资源通常指在应对突发事件过程中使用的各类资源的综合，主要包括人员和应急物资。例如，专业应急队伍（包括消防队伍、地震救援队伍、卫生医疗救援队伍等），企事业单位应急队伍（包括矿山、危险品、电力、电信等应急救援队伍），应急志愿者队伍，放射性物资和危险品检验、鉴定和检测设备，吊车，拖车，药品，疫苗，医疗卫生设备和器材等。理解应急资源的内涵，既要从全面资源论的角度出发，全面考虑应对突发事件所需要的各种资源，还要以应对突发事件中对资源的需求为导向，统筹考虑核心资源与一般资源、通用资源和专业资源。只有将这些资源有效地整合，才能确保突发事件应对的敏捷性、有效性和全面性。广义上，突发事件的应对过程包括事件发生后立即展开的应急处置，一直到可能持续数月或数年的恢复重建。本章的讨论侧重于应急处置和短期恢复重建中所涉及的资源管理问题，对于应急特征并不突出的长期恢复重建可以参考一般资源管理。应急资源的应急特征主要表现在以下几个方面：

（一）时效性

大多数突发事件都有其最佳救援时间，特别是挽救生命的黄金救援时间，如果各类应急资源能够在这个时间段内及时到达事发现场，实施各项应急措施，事件的危害就能够得到相当程度的控制。例如，地震后的救援黄金 72 小时，一旦超过，受害者的生存机会急剧下降，在这个挽救生命的时间窗内，专业救援人员、医疗人员以及救援设备等，能否在第一时间到达灾区，都决定着人员的伤亡数量，所以应急资源最重要的特征之一就是资源的时效性。

（二）不确定性

突发事件的不可预测性决定了应急资源的需求存在极大的不确定性。事件发生的时间、地点、类型无法预测，所以应急需求的时间、地点、需求类型、需求数量等方面，都无法进行有效的预测或估算。同时，灾后的复杂环境，特别是非常规突发事件造成的关键基础设施的瘫痪、公共服务的中断等情况下，灾情数据的收集、统计、汇总、上报等环节，都存在偏差、数据缺失甚至错误的可能性，对于决策者来说，无疑加重了需求的不确定性，对于应急资源的管理，特别是对应急物资调度提出了相当大的挑战。

（三）弱经济性

应急资源的“应急”特征，决定了在应急阶段对资源的筹措、调度、分发是以时间为核心，力求社会效益最大化，而不是以经济效益最大化为目标来满足灾民对资源的基本需求。许多学者在研究应急资源时虽然也考虑费用问题，但都是在时间约束的条件下进行的，所以应急资源的社会效益相对于经济效益更为重要。当然，随着应急管理的各部分有序开展、对事件发展的有效控制、灾情的逐步缓解，经济性会逐渐加强。

从全面资源论的角度来看，应急资源既包括人力资源、物资资源、财力资源，还包括科技资源、信息资源、服务资源等。本章中讨论的应急资源主要涉及人力资源与物资资源。国家发展和改革委员会发布的《非煤矿山应急物资分类及产品名录》则对应急物资资源进行了如下详细划分：

（1）防护用品类：安全帽、呼吸面具、手套等；

（2）生命救助类：止血绷带、红外探测器、担架等；

（3）生命支持类：便携呼吸机、急救药品、防疫药品等；

（4）救援运载类：救护车、救生飞机等；

（5）临时食宿类：炊事车、供水车、帐篷等；

（6）污染清理类：清污物质、清污工具等；

（7）动力燃料类：蓄电池、干电池等；

（8）工程设备类：消防车、挖掘机、切割机等；

（9）器材工具类：千斤顶、索具、撬棍等；

（10）照明设备类：手电、探照灯、应急灯等；

（11）通讯广播类：电台、广播车、移动电话等；

（12）交通运输类：越野车、直升机、空投飞机等；

（13）工程材料类：帆布、钢板、编织袋等。

许多学者和专业人员对应急资源进行了不同的分类，例如按资源的适用事件类型可分为以下几种：

（1）自然灾害类应急物资：橡皮艇、抢险舟、风力灭火机、油锯、割灌机、灭火水枪、各类灭虫粉剂、各类喷雾机、皮卡车等；

（2）事故灾害类应急物资：电力事故应急物资、泡沫、干粉等；

（3）公共卫生事件类应急物资：卫生防护用品、消杀药械、个人携行物品等；

（4）社会安全事件类应急物资：公安消防等装备。

按使用的紧急情况可将应急资源分为一般级、严重级和紧急级三类；

按使用的阶段可将应急资源分为应急处置类资源、基础保障类资源、恢复重建类资源。

总体来说，分类基本遵循两种思路：一是按照应急物资自身的属性来分类，二是按照应急资源的用途和需求进行分类。后者更有效地将应急资源的管理与应急资源的使用结合起来，有利于提高应急资源的保障能力，实现以全面资源论为背景和以应急需求为导向的应急资源的有效整合和优化配置，实现应急状态下的敏捷响应。

第二节　应急物资资源的储备

一、我国应急物资储备现状分析

1953 年，我国正式建立国家物资储备制度，开始储备钢材、金属制品、铁合金、有色金属、稀贵金属、火炸药、成品油料、麻袋、纸浆、煤炭、食盐、天然橡胶、轮胎等重要战略物资。经过 50 多年的发展，已逐步形成了国家物资储备局、储备物资管理局（办事处）和基层单位的三级垂直管理体制，建设了比较完善的储备仓库体系。目前，国家物资储备系统在全国 26 个省、直辖市、自治区设立了储备物资管理局或办事处，除江苏和西藏外，均设有物资储备仓库。

我国国家物资储备主要储存与国家安全、国计民生和经济社会发展密切相关的重要物资，应用于国防、应对突发事件和参与宏观调控。其功能定位为：服务国防建设、应对突发事件、参与宏观调控，维护国家安全。除国防用途外，国家物资储备在国内市场出现严重供不应求、供过于求、价格剧烈波动的情况下，能平抑过度上升或下降的价格，起稳定市场的作用。在物资生产供给过多，价格偏低时，进行收储；在物资生产供给过少，价格偏高时，进行销售。在突发灾害事件时，能有效地利用库房、场地、铁路专线、起重设备等现有资源条件对应急救灾物资进行接收、储存、转运，保障应急工作的开展。国家物资储备对国民经济发展、社会安定、国家安全起到关键性的物资保障作用。

1998 年 7 月，民政部、财政部出台了《关于建立中央级救灾物资储备制度的通知》，在全国建立救灾物资储备制度。根据通知要求，按照我国区域灾害特征和救灾工作的需要，设立了天津、沈阳、哈尔滨、合肥、郑州、武汉、长沙、南宁、成都和西安 10 个中央级救灾储备物资代储单位（即民政部救灾物资储备库）；在 31 个省、自治区、直辖市和新疆生产建设兵团建立了省级救灾物资储备库；251 个地市建立了地级储备库，占所有地市的 75.3 %；1 079 个县建立了县级储备库，占所有县市的 37.7 %。

同时，《中华人民共和国宪法》第十三条第三款规定：“国家为了公共利益的需要，可以依照法律规定对公民的私有财产实行征收或者征用并给予补偿。”《中华人民共和国物权法》第四十四条规定：“因抢险、救灾等紧急需要，依照法律规定的权限和程序可以征用单位、个人的不动产或者动产。被征用的不动产或者动产使用后，应当返还被征用人。单位、个人的不动产或者动产被征用或者征用后毁损、灭失的，应当给予补偿。”《中华人民共和国突发事件应对法》第十二条规定：“有关人民政府及其部门为应对突发事件，可以征用单位和个人的财产。”上述法律规定，明确了有关人民政府及其部门有权依照法律的规定征用公民、法人和其他组织的财产。

然而，近年来几次大的灾难，例如 2008 年汶川地震、2008 年南方冰冻灾害，都暴露出我国应急物资保障的问题，特别是应急物资储备应对重大突发灾难事件的能力不足，引发专家学者的广泛讨论和深入分析，原因包括以下几点：

（1）物资储备多头管理。物资储备管理权分散，目前我国的物资储备分散在多个部门，除了军队后勤保障部门外，国家发展和改革委员会、民政部、国土资源部以及原国防科工委等政府部门都管理有不同形式的物资储备。国家物资储备体系条块分割，布局不合理，储备设施重复建设，资源配置难以优化。长期以来，由于各物资储备部门相对割裂，有各自独立的管理体制和运行机制，缺乏物资信息的透明与共享，导致某些物资重复储备，某些物资储备不足、欠缺甚至空白；某些部门存储设施严重不足，有些部门存储设施长期空置。这种多头管理的现状，造成国家物资储备品种结构缺乏合理性，仓库布局缺乏规划性和整体性，仓储资源重复建设和浪费现象严重。

（2）物资储备品种和数量不足。我国是一个灾难频发的国家，地域广，灾种多，所需应急物资种类繁多。然而，目前我国国家物资储备系统一般只有成品油、黑色金属、火炸药、橡胶等几十种物资，储备物资的种类、品种和数量还相对缺乏，某些应急物资的储备量较少甚至空白，难以满足各地对物资的多样化需求。10 个中央级救灾物资储备点中储备的主要是帐篷，地方储备的救灾物资也仅限于帐篷、棉衣、棉被和少量的救生装备，离紧急抢救、保障灾民生活所需要的应急物资要求还有相当大的差距。2008 年汶川“5·12”地震 2 小时后，中央救灾物资储备成都代储点的全部帐篷调拨灾区，48 小时后，全国中央救灾物资储备库的 15 万顶帐篷全部调空，但灾区仍然有大量帐篷的短缺。

（3）响应时间慢。中央物资储备点不但数量少，而且布局不均匀，大部分储备点分布在我国东部和中部，整个西部只有西安与成都两个点。2003 年 2 月 23 日，新疆伽师地震，民政部只能从遥远的武汉调运救灾物资，5 天才抵达灾区。而按照民政部的要求，在灾害发生 24 个小时之后，灾民就应该得到救助，解决基本生活问题。另一个响应慢的原因是我国目前的交通状况不甚理想，物资主要的运输方式是铁路与公路，铁路与公路的网络化不完善，造成物资无法及时从储备点运往灾区。

（4）仓库基础设施落后，物资调用效率差。大部分物资储备仓库大多是在 20 世纪 50 年代至 70 年代初建立的，基础设施简陋，经过几十年的运行，大量设备设施严重老化。近年来，国家虽然投入大量更新改造资金，但由于历史欠账太多，仓库机械设备更新仍然较慢，高科技的仓库设备应用少，现代化管理技术引进少。此外，各储备仓库管理体制和运营机制也有待完善，仓储物资欠缺动态管理，物资储备缺乏监测网络，仓储自动化、信息化、机械化程度低，与机动灵活的现代战略不相适应，难以实现应对突发事件的快速反应。

二、利用企业物流系统增强国家应急物资保障能力

应急物资储备库建设投资巨大，每年财政部、民政部用于中央救灾物资储备的预算在 2 亿元人民币左右，但目前的物资储备仍然难以实现布局民政部 24 小时灾民得到救助的要求。同时应急物资的保质成本较高，很多救灾物资都有一定的生命周期或者保持期，需要定期更新，而这又是一笔巨大的投入。将分散在各地的企业纳入到国家应急物资储备体系中，把企业常规储存的物资作为国家救灾物资的重要组成部分，在突发事件发生时，可以第一时间调拨分配给灾区，利用企业常规物流系统来增强国家应急物资保障能力，不失为一种经济、有效的思路。当然，对于这些纳入到国家应急物资储备体系中的企业，也提出了更高的要求：

（1）企业的应急能力。企业的物流系统，作为企业加入国家应急体系的核心优势，不仅仅表现在采购、存储、运输、销售等企业生产经营一系列环节中，同时，还应表现在面对突发事件，甚至是非常规事件时的应急能力。从风险管理

的角度看，企业物流系统，特别是大型企业涉及众多活动节点的系统无疑是脆弱的，任何一个节点的失败都会对系统产生巨大影响，同时，整个系统的正常运作往往依赖于通信、电力、能源、交通等基础设施系统的支持。所以，纳入国家应急体系的企业自身首先要具有较强的抗灾应急能力，这种能力能够帮助企业高效应对供应短缺、需求剧变、设备设施故障、交通中断等突发状况，即便在物流网络遭到破坏后，也能够迅速恢复。所以，一个能够经受住突发事件考验、弹性的物流系统才是国家应急物资储备体系的有力组成。

（2）企业的组织结构和运作机制。企业应急能力是以一定的组织结构和运作机制为基础的。同时，作为国家应急物资储备体系的组成部分，企业需要从组织结构和运作机制上实现与国家系统的无缝连接，从而实现整个国家系统的高效运作。

（3）企业的社会责任。一般来说，企业的目标是利润最大化，其所有的生产经营活动都是以营利为目标。一旦将企业的常规储存物资纳入国家的应急物资储备，这部分物资的存储、管理则不能单纯以成本最小化为目标。例如，库存水平必须满足国家制定的储备水平，而不是成本最优的库存水平；优先满足国家应急物资调配需求，而不是市场需求。企业需要为承担社会责任而付出一定的成本，一种勇于承担社会责任的企业文化，则会帮助企业在市场生存与服务社会中找到好的平衡点。

（4）企业的物流管理。利用企业物流管理能力降低整个国家应急物资储备成本，引入现代物流管理的方法、技术和经验。企业先进的计算机操作管理系统、储备物资的数据库管理、仓储管理自动化、信息化和机械化等，提高物资利用效率。

第三节　应急物资资源的调度

一、应急物资调度的特点

（一）应急需求点众多、应急物资需求量大

根据前面对非常规突发事件的特征分析，特别是事件的影响范围和程度，可知应急物资需求点众多、对应急物资需求量大，仅靠物资储备很难满足应急需求，所以需要采用动用储备、直接征用、市场采购、组织捐赠、国际援助、突击生产等多种筹措方式。

（二）调度模式多样化

根据物资应急属性的不同，采用的调度模式也不尽相同。对于需求迫切的关键应急物资，例如医疗器械、药品、救援设备，可以采用从应急储备点到需求点的直接调度；对于需求量大、持续时间长的一般应急物资，例如食物、水、棉被，需要统筹安排。一般采用两阶段的调度模式，即物资首先从各地的储备点调集到灾区的物资存放中心，然后在中心根据各需求点的统一安排后，再发往各需求点。

事件发展的不同阶段采用的调度模式也不相同。在事件发生初期，面临复杂的灾难环境，存在大量的信息缺失，无法准确获取各需求点对应急物资需求的数量和种类，同时，事件初期也只能筹措到有限数量的物资，所以此时的调度一般采用供应推动模式，主动运往灾区；随着时间的推移，对灾情数据的不断收集和分析，对应急需求能够较准确地统计或预测，则此时可采用需求拉动模式，根据各需求点的需求，有针对性地供应物资。

（三）依赖基础设施系统

事件对关键基础设施系统可能造成的破坏，例如公路关闭、铁路瘫痪、港口关闭、通信中断、电力短缺、能源供应短缺，对应急物资的正常调度会产生不可忽视的影响。所以，在非常规突发事件的应急物资调度过程中必须要考虑基础设施系统的因素。

二、应急物资调度过程中的关键问题

（一）提前布局

在事件发生前，特别是在预警信号发出后，例如台风登陆前，提前将应急救灾物资调度到事件影响区域附近，可极大地提高灾后的应急处置效率，此过程称为提前布局。然而，提前布局也面临较高决策风险，面对预测数据存在的不确定（例如台风登陆点的不确定），如何在多种布局方案中作出选择，如何在预期收益与决策风险中作出权衡，是应急物资调度研究中的一个关键问题。

（二）处理信息不确定

复杂灾难环境导致的信息不确定，给应急物资的有效调度造成极大困难。不确定信息包括当前物资的不断消耗及后续物资的不断补充造成的应急物资供应量的动态变化；面对众多的需求点，短时间内无法获取准确的需求信息；随着事件的发展，灾情的变化存在不确定性。如何处理不确定信息，采用“最坏情形”、“平均情形”还是“上界、下界”等各种不同的处理方式，如何合理有效地对应急物资进行分配，是应急物资调度研究中的另一个关键问题。

（三）需求预测

对应急需求数据的收集不可避免地存在滞后与失真，所以大多数时间，应急物资的调度依赖对应急需求的预测。预测可根据突发事件的类别、级别、影响范围，可参考应急预案、历史数据，可采用适当的定量模型。如何提高预测的准确性是应急物资调度研究中的又一个关键问题。

第四节 案例分析——卡特里娜飓风中的沃尔玛

2005 年的卡特里娜飓风是美国应急管理史上的一次严重失败，然而在这场灾难中，零售业巨头沃尔玛却树立起一个成功的应急管理形象。印有沃尔玛标记的应急物资运输车驶入新奥尔良市，一度变成了应急行动的标志，在各大电视台新闻中频频出现。沃尔玛的声誉在此之前曾经因为劳资纠纷问题一度受损，然而在卡特里娜中的出色表现，使它重新赢得了民众的信任和支持。本节试图通过分析沃尔玛在卡特里娜飓风中的表现和其应急管理成功的原因，为企业参与应急物资保障提供借鉴。

一、沃尔玛的应急管理系统简介

零售业巨头沃尔玛成立于 1962 年，并于 1970 年上市，其股票在 1972 年进入纽约证交所，它还在 2010 年《财富》杂志最令人钦佩的公司评选中位居首位。沃尔玛在全球 15 个国家开设共 8 576 家零售店，2010 年的销售额高达四千多亿美元，旗下员工两百多万名。沃尔玛共有 5 种类型的零售店：传统的零售店，超级中心，规模较小的社区市场，主要销售食品的零售店和山姆会员店。沃尔玛拥有全球最先进的物流系统，这也是它能够创造最大销售量和保持最低成本库存的主要原因。

2003 年，沃尔玛在其总部成立了应急管理部，其下属的规划处负责制订应急预案，指导员工应对各种突发事件；备灾处负责预案培训和演练；警报中心负责监控和信息收集。应急管理部的主要职能是应急指挥系统，负责协调、应对、帮助沃尔玛尽快从各种灾难中恢复，此指挥系统也被称作应急操作中心。应急操作中心在三个层面运作：一级应急主要针对可以直接处理的一些小事务；如果

5～50 个零售店受到影响，二级操作中心会启动，同时来自 6～12 个部门的高级代表会参加处理；更大的事件则启动三级操作中心，会有来自 35～40 个部门的代表参加处理。

沃尔玛同时也组织、培训了一些二人应急小组，包括灾后第一批进入的止损小组，他们的日常工作是负责沃尔玛零售店铺的安全和保卫，包括防盗、应对突发事件、确保员工的安全，在重大灾难中，由止损小组评估店铺情况；信息系统小组会携带移动卫星电话来恢复电话服务以及信用卡和借记卡处理系统；发电机小组会带来移动发电机恢复店内电力；恢复小组会维修损坏的设施，清洁商品甚至现金钞票。

二、卡特里娜飓风的情况简介

2005 年 8 月 25 日，热带风暴卡特里娜升级为 1 级飓风横扫南佛罗里达州，造成 10 多名人员死亡，之后继续向墨西哥湾前进。但是 26 日，飓风突然转向西面，向着密西西比和路易斯安那沿岸袭来。27 日早晨，卡特里娜升级为 3 级飓风，路易斯安那州州长布兰克宣布全州进入紧急状态，启动 4 000 名的国民自卫队；当天下午，新奥尔良市市长纳给宣布进入紧急状态，实行交通管制，指定避难场所。28 日上午，卡特里娜升级为 5 级飓风，伴随着高达每小时约 282 千米的风速，上午 10 点，市长下达了强制撤离的命令，布什总统也宣布了路易斯安那州、密西西比州和阿拉巴马州进入紧急状态。29 日，卡特里娜飓风已是 3 级风暴，大力击向路易斯安那州和密西西比州沿岸，伴随着强烈的暴风雨袭击和高达每小时约 185 千米的风力。当天早上，工业渠道发生一处破裂，几小时内，新奥尔良的第九区就已经被淹到 15～20 厘米的洪水。上午 11 点，防洪堤位于 17 街渠道处发生决口，截至当晚，一共有 3 处防洪堤决口，造成催恩湖的湖水倒灌入城市。到 30 日早上，大约 80% 的城市被淹。成千上万灾民被困，缺乏食物和饮用水，天气炎热，没有电力、通信、饮水，城市开始处于无序状态，出现抢劫等现象，秩序混乱。9 月 1 日，洪水开始减退，9 月 4 日，全部被困人员撤离灾区。9 月 5 日，布什总统调动的军队进入接管新奥尔良。

在这场巨大的灾难中，沃尔玛的应急操作可概括为以下三点。

（一）有序的准备

2005 年飓风季节 6 月一开始，沃尔玛的应急管理部就加强了对天气情况的追踪和掌握。8 月 23 日，警报中心就发出了二级警报，并启动了应急操作中心，开始了高度组织化的应急准备工作；部署一些二人行动小组在佛罗里达州灾区附近，以便灾后能及时进入；稳定物价，准备好足够的应急商品；同时灾区的各家沃尔玛零售店也根据公司应急预案开始进行关门停业准备。8 月 26 日，飓风转向，预计会在 29 日早些时候袭来。8 月 27 日，沃尔玛开始在新奥尔良附近的一些地区部署二人行动小组。受影响地区的所有沃尔玛店按照应急预案在 27 日下午 4 点关门停业，操作中心级别提升为最高级别三级。

（二）积极应对

2005 年 8 月 29 日，飓风登陆。随着飓风风眼经过新奥尔良，之前部署的沃尔玛的二人小组就开始进入灾区，评估灾情。截至 30 日早上，沃尔玛的应急操作中心已经对此次灾难的损失有一个清晰的认识：总共有 170 多个沃尔玛设施受到影响，126 家店已经关闭，很多是因为停电，中心统计大约 3.4 万的员工和他们的家人被撤离或受到影响。在灾区，沃尔玛积极与警方、政府应急管理部门合作，救援被困灾民，运送救援物资，发放救援物资，在灾区没有电力、饮水供应，沃尔玛俨然成了关键基础设施的一部分，支撑灾区。在灾情不严重的地区，设法尽快重新开业。沃尔玛的应急工作很有效，在飓风着陆的 48 小时内，沃尔玛已经完成了 70% 的恢复工作，关闭的店只有 56 家。

同时应急操作中心也加速运作。8 月 30 日，中心就设立了一个 24 小时的免费电话号码来帮助有需要的员工，并在电台和电视台公布了这个号码。为了加强沃尔玛内部的合作和协调，所有受影响部门的代表都进驻操作中心，最后多达 200 人。公司高层每天上午、下午各举行一次电话会议，中心每天发布三次形势报告，帮助沃尔玛及时掌握最新灾情和各方情况。

（三）对员工帮助

除了一些现金补助，最重要的是保障员工的工作，沃尔玛 CEO 宣布任何撤离的员工都可以在美国任何一家沃尔玛店里得到一份工作。为了找到所有的员工，沃尔玛建立了一个在线信息平台，任何人都可以在沃尔玛的照相中心上传他失踪的朋友或亲人的照片并留言；这些信息可以从任何一级的沃尔玛店或者公司的网站上访问到。沃尔玛同时也捐赠了 150 台联网的计算机给红十字会的避难所，这样，那里的难民可以查找数据库的信息，联系上他们正在寻找的亲人或朋友。最终在沃尔玛的在线信息版上一共发布了五万多个帖子，大约五百万人访问过它的网站。到 9 月 26 日，也就是卡特里娜登陆 1 个月，沃尔玛找到了它 98.6% 的员工。

三、沃尔玛在卡特里娜灾难中应急管理成功的分析

（一）明确的应急管理目标

沃尔玛有非常明确的社会责任——服务社区，其应急管理的目标具体表现为照顾好企业的员工、尽快恢复公司的运作和社区支持。沃尔玛认为“如果我们没法提供别的帮助，那么照顾好我们的员工就行，如果我们能照顾好员工，那就意味着我们可以让公司的运作得以持续；公司正常运作起来，那也就是最好的方式服务社区。我们可以给你捐赠大批的瓶装水，但是一个正常营业的沃尔玛零售店可以做得更好更多”。在此目标的指导下，沃尔玛的应急工作由员工—公司—社区有序展开：照顾员工，向员工提供工作保障、安全保障；各零售店灾前积极备灾，灾后尽快恢复营业；除了捐款捐物，沃尔玛还利用其物流优势积极参与社会救援工作，运送应急物资，向灾民和一线救援工作者提供必需品和帮助。

（二）成熟的应急管理组织体系和工作机制

沃尔玛在卡特里娜灾难中的出色表现，得益于其成熟的应急管理。沃尔玛充分认识到应急管理在企业管理中的重要性和必要性，早在 2003 年就成立了应急管理部门。在卡特里娜飓风之前，公司的应急管理已经历过多次飓风灾难的考验，日趋成熟。在总部设立的应急管理部，从组织结构和职能上保障了企业的应急管理。该部门下属规划处、备灾处和警报中心，各司其职，例如，应急预案的制订，员工的培训演练，灾难发生前井然有序的各项准备工作，包括稳定价格，关店准备，部署二人小组，对天气状况和灾情的及时跟踪、收集、发布等。

应急管理部的应急操作中心是整个沃尔玛应急管理的核心，类似于应急管理指挥系统。操作中心的三层运作方案反映了该指挥系统的灵活性，它可以是只需要几个人的一级操作中心，也能够根据灾情需要加入资源快速扩张，变为二级甚至三级操作中心。这种多层运作机制使得沃尔玛的应急管理指挥系统伸缩自如，能够处理企业日常的一些小的突发事件，也能处理像卡特里娜飓风这样的重大灾难，灵活地应对各类突发事件。

（三）积极的多方合作

在这场灾难应对中，沃尔玛一直在积极寻求与政府部门的合作。早在 8 月 28 日上午进入紧急状态后，沃尔玛的应急操作中心分别致电路易斯安那州和密西西比州的州应急管理办公室和联邦应急管理署，表示愿意提供帮助并留下中心的联系电话。飓风袭击后，沃尔玛就运送救灾物资进入灾区，确保物资安全有序

地发放，向政府部门提供物资供应等一系列问题，积极与各级政府和应急管理部门联系，包括州政府、市政府、州应急办、市应急办以及联邦政府的国土安全部。

与红十字会通力合作。一直以来，沃尔玛与红十字会都保持着紧密的联系：沃尔玛向红十字会捐赠物资，红十字会在紧急情况时会从沃尔玛购买物资。此次灾难处理中，沃尔玛也邀请了红十字会代表进驻应急操作中心，方便交流和合作。红十字会代表在接到一些无家可归的员工打入的免费电话后，可以帮助他们找到最近的红十字会的避难所。每次红十字会新开一个避难所，都会让沃尔玛知道，这样沃尔玛可以运送足够的物资去避难所最近的沃尔玛店，应对临时的人口激增。同时，身处沃尔玛的应急操作中心，红十字会的代表能迅速将红十字会的需求传达给沃尔玛，同时得到及时的答复。

（四）先进的物流系统

依托自身先进的物流系统，沃尔玛在灾区能够成功提供救援工作。沃尔玛的物流系统是全球最大的系统之一，共设有 147 个配送中心（其中 40 多个区域配送中心）。这些配送中心都配备了最新的存储技术和物流信息技术，通常一家零售店下单后 24 小时内可将货物运送到。为更好地应对各种灾难，这些配送中心中有 8 个灾难配送中心，储存了 400 多万美元的应急商品。各中心根据当地环境、历史销售数据，在一些灾害多发区，对于客户需求进行提前预测，例如在东南部这个飓风多发地区，中心会利用各种预测模型，对飓风期的商品需求量和需求种类进行预测，提前储备这些商品，包括水、电池、提灯、灯油（煤油）、即食食物，像罐装小方饺，所有应急商品都醒目包装并便于运输和销售给客户。如果在飓风季节应急商品没有卖完，沃尔玛会将这些商品放入它正常的系统进行销售，同时让供应商知道这些商品的订单在暂时减少，相反，如果应急商品很快售完，沃尔玛会从它的正常供应链中填补应急商品短缺。据不完全统计，在飓风卡特里娜中，沃尔玛一共运送了约 2 498 辆拖车的应急物资。沃尔玛的物流经验同时也得到了政府部门的重视，卡特里娜飓风后，德克萨斯州邀请了两名沃尔玛的物流专家加入州应急操作中心共同应对飓风瑞塔。

企业的应急管理也是企业管理的重要组成部分，加强企业应急管理是企业自身发展的内在要求和必须履行的社会责任。沃尔玛作为一个零售业巨头，依靠其健全的组织体系和工作机制、成熟的应急预案管理系统，利用公司物流优势积极参与社会应急工作，成为利用企业物流系统增强国家应急物资保障能力的一个成功案例。

第七章　供应链系统的应急恢复

本章从增强系统弹性的角度讨论供应链系统的应急恢复。供应链通常是由多个实体组成，产品或者原料在各个不同实体间的流动构成了供应链网络。这个网络的任何一部分都有可能发生意外，例如，交通中断、电力短缺或者一些自然灾害和人为灾害造成的供应链中断。如何应对供应链的突发事件，如何制定有效策略恢复供应链，这些都是一个弹性的供应链需要解决的基本问题。本章尝试从与供应链密切关联的基础设施系统及其联系入手，讨论上述问题。

第一节　供应链系统恢复的相关研究

Craighead 等分析了供应链的各种突发情况对供应链三个基本性质的影响：密度、复杂性、节点临界状态，以及对供应链自身两种减灾能力的影响：恢复与预警。他们的研究指出，随着恢复能力的增强，供应链能够快速恢复到正常状态，降低突发事件的影响。所以，“同一事件对于恢复复力强的供应链的影响要比能力强的供应链小”，这一结论可以被现实中的两个真实案例证明。2000 年春天，诺基亚和爱立信同时都面临突发的 RFC（Radio-Frequency Chips）供应短缺的问题，它们分别采取了不同的应对方式，最终，一家公司挺过了危机，而另一家被淘汰出局。

现代社会依赖于能源、交通、通信、金融等基础服务，它们对于供应链的正常运作起到至关重要的作用。忽略这些基础系统将会使供应链管理的研究，特别是供应链恢复的研究脱离实际，不具有实践指导意义。3J' s Trucking Company（3J' s）是美国的一家物流企业，其规划系统的有效运作是整个公司物流运转的基础，一旦规划系统遭到破坏，例如突发灾害事件导致通信中断，规划部门无法获得交通信息，运输路线无法及时更新调整，公司的物流就面临瘫痪。对于 3J' s 来说，通信服务的恢复对于公司的运营至关重要，忽略这一点，则意味着公司不得不付出高昂的代价（包括时间和成本）。同样地，在 2003 年的美国东北大停电中，电力中断导致大量厂家产能损失，没有电力供应，机器停转，厂房关闭，一直持续到整个地区电网恢复并稳定下来。这种对电力系统的依赖也启发我们从另一角度考虑供应链的恢复，即在供应链的恢复中考虑到其支撑系统的影响，从而提高在供应、库存、运输等方面的决策质量。例如，可以更精准地安排原材料的供应，使之恰好在机器重新开始运转前到达，从而避免过高的库存费用或者材料短缺造成的停工。

在供应链的恢复中考虑基础设施系统的影响也引出了以下问题：如何清晰地描述供应链与基础设施两者之间的关系？管理者如何利用来自基础设施系统的信息来为供应链制定更加有效的恢复策略？基础设施系统能否从这些规划策略获益？下面将从两个方面来讨论这些问题：①设计供应链与基础设施系统之间逻辑关系的数学表达式；②优化恢复策略，促进两个系统的合作从而迅速降低突发事件的影响。

供应链的恢复涉及对于整个链条的重新规划以及资源在这个链条上的重新分配。本质上，它是一个两阶段网络设计问题。首先，需要决定各类设施在网络上的位置以及各自所能承担的容量；其次，将终端的需求分别指派到这些设施上，并确定相应的运输途径。如何优化供应链的网络设计，从而使企业的利润最大化？不同的公司都给出了各自的解决方案。Pfizer Inc. 设计了一个包含有 2 个大型配送中心、约 35 个第三方配送点以及其所有客户接收点的二级网络，通过网络优化模型可以帮助 Pfizer 制定整个供应链上，特别是配送方面的决策。Kellogg Company 则开发了一个运作规划系统，帮助公司进行生产规划、产品及半成品的运输等问题，从而降低在生产、库存、运输三个方面的成本，以 1995 年为例，当年共节约 450 万美元的成本。Procter & Gamble（P&G）通过产品供应研究对其北美业务进行了重整，着重检查并重构了其生产与配送系统，帮助 P&G 每年节约约 2 亿美元的税前成本。诸如此类的公司还有很多，如 Deere' s Commercial and Consumer Equipment（C&CE）的库存管理系统、Hewlett - Packard 的供应链等，这些都是利用网络优化技术来优化企业供应链的例子。

随着全球经济一体化的加深以及日益频发的各种自然灾害和事故灾害，学术界也认识到并明确指出了在供应链的研究中，弹性是一个重要的性质，如何增强供应链的弹性是企业面对当前的经济环境和社会环境的一项重要课题。目前有关应对供应链突发事件的研究工作可以分为两种趋势，一些学者将突发事件作为供应链风险的一种，从风险管理的角度进行研究。Harland 等对于供应链网络风险进行了系统的梳理，并提出了一种对风险的评估和管理进行研究的理论工具。Sinha 等在综合了风险管理和供应链管理的基础上，针对航空领域的供应链管理，提出了一套降低风险的方法论。Chopra 等对供应链风险进行了分类，对每一类风险确认其驱动因素，讨论应对策略。供应链的中断则被定义为物资流的中断，并被划归为一类风险。Kleindorfer 等设计了风险评估与应对的概念模型，依据不同应用领域的风险，总结了三大类应对风险策略。本节讨论的恢复策略则属于第三类，供应链的运作控制包括危机应对。

有一些学者从供应链不确定性的角度进行研究。在 Moinzadeh and Aggarwal 的研究中，供应链的中断被定义为生产系统的不可靠性，其对供应链系统的影响包括机器故障、劳动力不足及其他一些中断正常生产的活动。这些活动模拟成离散型随机事件，整个生产过程则模拟为一个随机过程。Georgialis 等着重研究需求不确定给供应链带来的打击，利用一系列可能发生的情景表示市场需求，设计基于情景的不确定供应链网络的数学模型。Tomlin 则研究供应不确定导致的供应链风险，通过设计一种拥有两套供应模式的供应链模型来降低和预防风险，一种模式为不可靠供应模式，另一种模式为可靠但成本较高的供应模式，该研究从供应策略入手应对供应链不确定性。Yu 等研究价格敏感的需求环境下二级供应链模型的设计问题，并且找出了影响单重采购与双重采购决策的关键因素。还有一些学者则研究如何通过增强供应链的灵活性来应对不确定因素。Beach 等回顾了灵活制造的理论与方法，并讨论了其中涉及的关键问题，特别是灵活的制造能力与环境不确定之间的关系，构造了相应的概念框架。Jordan 和 Graves 则利用定量模型对各种供应链生产规划情景进行了比较，讨论灵活制造的基本原理。Snyder 等总结了针对不确定的供应链设计问题，包括需求不确定、供应不确定以及设施故障，采用两种衡量供应链风险的方法：期望值法和最糟糕法。

本节主要讨论弹性供应链的设计问题，从突发事件打击中如何尽快恢复，降低对客户的影响。设计中考虑基础设施系统及其对供应链系统的影响，将供应链系统的恢复问题看作其支撑基础设施系统的函数，即前者随后者的变化而变化，后者对前者的影响不可忽略，并且需要在数量模型中明显地反映出来。同时，供应链系统的恢复涉及整个链条的各个环节，包括材料供应、生产、库存、运输，是在灾后对整个链条上资源的重新分配。所以，本节研究不同之处在于对供应链恢复进行规划时，不仅考虑整个链条上的各个环节，同时还考虑支撑的基础设施系统的恢复规划。供应链网络模型不是传统的单层网络，而是加入了逻辑相关的基础设施网络层，不同网络层之间的逻辑联系在模型中进行了定量描述。同时，本节还提出了基于此多层网络模型的规划过程，本质上可看作供应链系统与基础设施系统的合作与协调的过程，通过有效的信息共享和传输，共同制订最优的恢复方案，尽快从事件打击中恢复过来。

第二节 供应链应急恢复的多层网络模型

通常，供应链在图形上表示为单层网络。其中，节点可以是生产设施、仓库、需求区。网络中的边表示节点之间的连接。每条边上的网络流则代表了材料或产品的流动。这种单层结构只能描述供应链本身，无法有效描述其与外部系统的联系。互相依赖的多层网络则针对单层结构的局限性，扩展网络层次。该模型概念最早由 Lee 等人提出，用于对多层基础设施系统建模。模型由多层网络构成，网络之间由逻辑关系相连。模型不仅描述了各层网络内部的物资流动，同时还易于捕捉层与层之间的逻辑关系及其产生的连锁反应。基于此多层网络模型，可以对供应链恢复建立如下数学模型：

$$\min \sum_{i \in I} (c^{i^T} x^i + h^{i^T} y^i) + r^{i^T} s^i + g^T z \tag{185}$$

$$s.t. \quad A^i x^i + B^i y^i + C^i s^i = b^i \quad \forall i \in I \tag{186}$$

$$\sum_{i \in I} (H^i x^i + D^i y^i + R^i s^i) + Gz = d \tag{187}$$

$$x^i \in X^i \quad \forall i \in I \tag{188}$$

$$y^i \in Y^i \quad \forall i \in I \tag{189}$$

$$s^i \in S^i \quad \forall i \in I \tag{190}$$

$$z \in Z \tag{191}$$

I 是所有网络层的集合，包括供应链网络层（‘sc’）和基础设施层，如果基础设施建模为单商品流网络，则表示为 i_1，如果是多商品流网络，则表示为 i_2。变量 x^i 为网络 i 上的流量，变量 y^i 为恢复网络 i 的相关决策，例如，修复受损的输电线，外包生产任务，安装临时设施等。变量 s^i 表示未满足的需求，即网络中断造成的无法满足的需求。变量 z 用来表示各种依赖关系。集合 X^i 与集合 S^i 都是非负数集合，集合 Y^i 与集合 Z 都是非负整数集合。第一组约束为传统的网络流守恒条件，即每个供应节点的流出量不应大于其限额，每个传输节点的流入量应等于流出量，并不应超过其限额，每个需求节点的流入量应不小于其流入量。第二组约束利用逻辑关系将各网络层联系起来。需要注意的是，网络层有些是单商品流，有些是多商品流，所以在不同层中，同样的变量其索引可能会不同。

模型目标函数的选择依赖于模型的使用者，不同的使用者采用不同的目标函数。如果是应急管理者，需要恢复所有基础设施系统，则会选择与供应链管理者不同的目标。供应链管理者可能无法决定所有的决策变量，例如，基础设施系统的修复决策 y^i，其中 i 代表特定的受损系统，则一般由应急管理者确定，然后提供给供应链管理者，作为他们的模型参数进行进一步的计算。

在正常状态下，各网络层之间似乎互不干扰，各层的运作可以以单独的个体来进行研究。但是，一旦有突发事件造成网络中断，需求无法满足，各层之间的依赖关系会迅速将事件影响传递到其他层，造成连锁反应。从服务的角度，有些无法满足的需求是事件的直接影响造成，有些则是依赖关系间接造成的。所以，任何一层的恢复都不能脱离其他相关联的网络层而独立讨论，网络层的最优恢复不仅涉及自身网络层的运作，还应包括与之相关联的其他网络层的运作。换句话说，因为存在未满足的需求，并且这种需求会将正常状态下隐式的网络层依赖关系显现出来，将相关联的网络层显式地联系起来，所以，恢复模型应该同时考虑所有相关联的网络层。下面的部分将讨论将以上的模型用于供应链的恢复问题，涉及一些典型的相关联的基础设施系统。

一、供应链网络层

供应链网络层可以表示为图 G^{sc}，其中 $G^{sc} = G(V^{sc}, E^{sc})$。节点集 V^{sc} 包括工厂 V_P^{sc}，配送中心 V_W^{sc}，客户需求区 V_D^{sc}。所有边的集合 E^{sc} 表示不同节点之间的连接性。生产出的产品可以存放在工厂内、运往仓库存放或者直接运往客户需求区。基本上，供应链模型是一个基于边的多商品网络流层。通常假设运输环节的所需时间（the shipping lead time）要远远长于生产环节的所需时间（the manufacturing lead time），所以从商品的订单下定到其运送至需求区，主要考虑的是运输环节的订货到交货期，也就是运输时间。

T 定义为整个规划时间段，$d_{j,k,t}$ 为需求区 j 在时间段 t 内对产品 k 的需求。变量 $pro_{j,k,t}$ 与 $inv_{j,k,t}$ 分别为节点 j 在时间段 t 内对产品 k 的产量与库存量，变量 $x^{sc}_{(j,l),k,t}$ 则为时间段 t 内产品 k 在边 (j, l) 上的运输量，完整的符号说明请参考附录 A。以下是供应链网络层的约束条件：

对于每一个工厂，其一段时间内生产的每一种产品加上初期该产品的库存量应该等于末期库存量与该时间段内的出库量之和：

$$pro_{p,k,t} + inv_{p,k,t-1} = \sum_{l \in V_W^{sc} \cup V_D^{sc}} x^{sc}_{(p,l),k,t} + inv_{p,k,t}, \quad \forall p \in V_P^{sc}, \quad \forall k \in \phi(p) \text{ and } t \in T \tag{192}$$

其中，$\phi(p)$ 为工厂 p 所生产的产品集合。

对于每一个配送中心，其一段时间内入库的每一种产品加上初期的库存量，应该等于末期库存量与该时间段内的出库量之和：

$$\sum_{p \in V_P^{sc}} x^{sc}_{(p,w),k,t-tl(p,w)} + inv_{w,k,t-1} = \sum_{l \in V_D^{sc}} x^{sc}_{(w,l),k,t} + inv_{w,k,t},\ \forall w \in V_W^{sc},\ k \in K \text{ and } t \in T \tag{193}$$

对于每一个需求区，其一段时间内接收的产品应该满足该区在该段时间内的需求。如果无法满足，这部分客户需求就会损失掉，以非负松弛量 $s_{l,k,t}$ 的形式记录下，并最终以惩罚函数的形式出现在目标函数中，

$$\sum_{w \in \delta(l)} x^{sc}_{(w,l),k,t-tl(w,l)} + \sum_{p \in \delta(l)} x^{sc}_{(p,l),k,t.tl(p,l)} + s^{sc}_{l,k,t} = d_{l,k,t},\ \forall l \in V_D^{sc},\ \forall k \in K \text{ and } t \in T \tag{194}$$

同时还有网络流容量约束：

$$\sum_{k \in K} x^{sc}_{(j,l),k,t} \leqslant v_{(j,l)},\ \forall\ (j,\ l)\ \in E^{sc} \text{ and } t \in T \tag{195}$$

生产能力约束：

$$\sum_{k \in \phi(p)} pro_{p,k,t} \leqslant w_p,\ \ \forall p \in V_P^{sc} \text{ and } t \in T \tag{196}$$

生产外包约束，其中 $V_{P'}^{sc}$ 为所有可以接受外包任务的外部生产工厂：

$$\sum_{k \in \phi(p)} pro_{p,k,t} \leqslant w_p \times y^{sc}_{p,t},\ \ \forall p \in V_{P'}^{sc} \text{ and } t \in T \tag{197}$$

配送中心的仓库存储容量约束：

$$\sum_{k \in K} inv_{l,k,t} \leqslant q_l,\ \ \forall l \in V_P^{sc} \cup V_W^{sc} \text{ and } t \in T \tag{198}$$

所有由工厂运出的产品必须由该工厂生产。集合 $K \setminus \phi(p)$ 表示工厂 p 无法生产的产品集合：

$$\sum_{l \in V_W^{sc} \cup V_D^{sc}} x_{(p,l),k,t}^{sc} = 0, \quad \forall p \in V_P^{sc}, \ k \in K \setminus \phi(p), \text{ and } t \in T \tag{199}$$

二、电力网络层

现代电力系统通常由六个主要部分构成①电站；②变压器；③高压输电线；④变电站；⑤低压配电线；⑥变压器。在本节中，电力层表示为单商品网络 $G^{i_1} = G(V^{i_1}, E^{i_1})$，由电站、变压器、变电站、输电线组成，不包括低压配电线。其中，电站作为供应节点提供整个电网的电力输入 $V_S^{i_1}$，变压器作为传输节点 $V_T^{i_1}$，变电站作为需求节点 $V_D^{i_1}$。模型只考虑电力通过高压输电线由电站传输到变电站，每个变电站服务一个区域。边 E^{i_1} 表示所有的高压输电线，那些在突发事件中受到损坏需要维修或替换的线路由 $E^{i_1'}$ 表示。

约束（200）至（205）设置了电力供应不足情况下的电力网络流守恒条件与容量限制。约束（200）为电力节点容量限制。约束（201）为电力需求节点约束，并且考虑到供应短缺的情况 $s_{j,t}^{i_1}$。二元变量 $z_{j,t}^{i,i_1}$ 用来表示是否存在电力供应不足，稍后会用于表述系统间的依赖关系。约束（202）为需求的松弛量 $s_{j,t}^{i_1}$ 设置了一个上界。约束（203）为传输节点设置网络流平衡条件。约束（204）确保受损输电线在未修复之前无法工作。二元参数 $y_{(j,l),t}^{i_1}$，$(j, l) \in E^{i_1'}$ 表示受损输电线的修复决定，y^{i_1} 的集合则反映了电力系统 i_1 的修复方案。约束（205）为边容量限制。

$$\sum_{(j,l) \in E^{i_1}} x_{(j,l),t}^{i_1} \leqslant b_j, \quad \forall j \in V_S^{i_1} \text{ and } t \in T \tag{200}$$

$$\sum_{(l,j) \in E^{pr}} x_{(j,l),t}^{i_1} + s_{j,t}^{i_1} = m_j^{i_1}, \quad \forall j \in V_D^{i_1} \text{ and } t \in T \tag{201}$$

$$s_{j,t}^{i_1} \leqslant m_j^{i_1} \times z_{j,t}^{i,i_1}, \quad \forall j \in V_D^{i_1}, \ i \in \varphi(i_1), \ t \in T \tag{202}$$

$$\sum_{(i,j) \in E^{i_1}} x_{(i,j),t}^{i_1} - \sum_{(j,l) \in E^{i_1}} x_{(j,l),t}^{i_1} = 0, \quad \forall j \in V_T^{i_1'} \text{ and } t \in T \tag{203}$$

$$x_{(j,l),t}^{i_1} \leqslant v_{(j,l)} \times y_{(j,l),t}^{i_1}, \quad \forall (j, l) \in E^{i_1'} \text{ and } t \in T \tag{204}$$

$$x_{(j,l),t}^{i_1} \leqslant v_{(j,l)}, \quad \forall (j, l) \in E^{i_1} \setminus E^{i_1'} \text{ and } t \in T \tag{205}$$

三、通信网络层

通信网络层在本节中表示为多商品网络 G^{i_2}，其中 $G^{i_2} = G(V^{i_2}, E^{i_2})$。典型的通信系统网络由光纤段组成，光纤段作为最基本的物理单元连接通信网络的两个终端，数据在网络上的传输路线由一系列光纤段组成。本节中光纤段作为边，终端作为节点，组成了通信网络。每一通电话都有一个主叫点和被叫点，这样的一对节点被称为 OD（Origin-Destination）对，在网络中通常存在多条路径连通这样的 OD 对，从而实现电话业务的提供。那些具有相同 OD 对的电话在模型中作为同种商品，即不同的商品具有不同的 OD 对。

约束（206）至（211）则设置了通信服务不足的情况下（表示为 $s^{i_2}_{o,t}$，$o \in OD^{i_2}$）的通信网络多商品流守恒和能量限制。总体上，模型是基于通信路径，变量 $f^{i_2}_{o,n,t}$ 表示联通 OD 对 $o \in OD^{i_2}$ 的第 n 条路径上在时间段 t 上的流量，约束（206）建立其路径流量与边流量之间的联系，即每一条边上的流量等于所有经过此边的路径流量总和。约束（207）给出了每对 OD 对出现需求未满足的状态，约束（208）给未满足需求 $s^{i_2}_{o,t}$，$o \in OD^{i_2}$ 设置了一个上界，约束（209）设置了通信节点容量限制，约束（210）确保受损光纤段在未修复前不能使用，约束（211）设置流量约束。二元变量 $z^{i,i_2}_{o,t}$ 表示是否存在通信服务不足，参数 Parameter $y^{i_2}_{(j,l),t}$，$(j, l) \in E^{i_2'}$ 表示受损输光纤段的修复决定，y^{i_2} 的集合则反映了通信系统 i_2 的修复方案。

$$\sum_{n \in 1...N} \sum_{(o,n) contains(j,l)} f^{i_2}_{o,n,t} = x^{i_2}_{(j,l),t}, \quad \forall (j, l) \in E^{i_2} \text{ and } t \in T \tag{206}$$

$$\sum_{n \in 1...N} f^{i_2}_{o,n,t} + s^{i_2}_{o,t} = m^{i_2}_{o}, \quad \forall o \in OD^{i_2} \text{ and } t \in T \tag{207}$$

$$s^{i_2}_{o,t} \leqslant m^{i_2}_{o} \times z^{i,i_2}_{o,t}, \quad \forall o \in OD^{i_2}, \ i \in \varphi(i_2) \text{ and } t \in T \tag{208}$$

$$\sum_{(l,j) \in E^{i_2}} x^{i_2}_{(l,j),t} \leqslant b_j, \quad \forall j \in V^{i_2} \text{ and } t \in T \tag{209}$$

$$x^{i_2}_{(j,l),t} \leqslant v_{(j,l)} \times y^{i_2}_{(j,l),t}, \quad \forall (j, l) \in E^{i_2'} \text{and } t \in T \tag{210}$$

$$x^{i_2}_{(j,l),t} \leqslant v_{(j,l)}, \quad \forall (j, l) \in E^{i_2} \setminus E^{i_2'} \text{and } t \in T \tag{211}$$

四、交通网络层

本节中供应链上的节点对应于交通网络上的地点，边反映交通的连通性，对应交通网络上连通两个不同地点的道路，这条路可能是距离最短、时间最短或满足其他条件的路。所以，交通系统可以看作构建供应链网络的基础，或者说，供应链网络是交通网络的一个映射。当突发事件影响交通系统，则运输路径需要做相应调整，这将导致供应链网络参数的相应调整，例如，运输成本，运输容量，甚至网络结构（如果部分交通网络出现中断，供应链网络中反映原有连通性的相应边会被移除）。随之，供应链上的物流需要重新优化。

五、关联性建模

令 $DEP(i', i)$，$i' \in \varphi(i)$ 表示网络 i' 与其支撑网络 i 存在的关联关系的

集合，每一个关联由（q, r）来描述，其中 $q \in V^{i'} \cup E^{i'}$，$r \in V^{i} \cup E^{i}$。例如，关联（$p \in V_P^{sc}$，$j \in V_D^{i_1}$）表示工厂 p 需要电力供应，关联［（p, w）$\in E^{sc}$，$pw \in OD^{i_2}$］表示工厂 p 与配送中心 w 之间的产品运输依赖两地之间的通信联系。松弛变量 s^i 表示支撑网络 i 中存在的未满足需求，即相应服务提供不足。令二元变量 $z^{i',i}$ 作为指示标识，当支撑网络 i 中的服务供应充足，不存在未满足需求时，指示标识为1，否则为0。下面的约束方程通过设定松弛变量 s^i 的上界，即实际需求 m^i，将松弛变量与二元指示变量 $z^{i',i}$ 联系起来：

$$s^i \leqslant m^i \times z^{i',i}, \tag{212}$$

如果松弛变量为正，即存在未满足需求，根据以上约束方程，相应的二元指示变量强制取值1。该二元指示变量同时还作用于被支撑网络 i' 的容量限制，影响最终传递到被支撑网络。以边流量限制 v 为例，如果存在关联关系，则该限制由 v 变作 $v^{i'} \times (1 - z^{i',i})$。当支撑网络 i 提供服务不足时，$z^{i',i} = 1$，被支撑网络 i' 的边流量限制被强制降为0，这样互相关联的网络影响以此种方式进行传递。同时，可以考虑对二元指示变量 z 做一些处理，使其能够反映较为复杂的关联关系，例如，不仅仅是在0，1二者之间变化，可以考虑部分影响，即当未满足需求存在时，受影响网络容量限制并不是完全降为0，可能只是部分损失。下面将以电力和通信这两个典型的基础设施系统为例，具体描述其与供应链网络的关联关系。

（一）与电力系统的关联

供应链网络与电力系统的依赖关系较直接，工厂与配送中心都需要电力供应来维持正常运转。如果电力中断，工厂的生产机器不得不停转，反映到模型中即工厂的生产能力降为0。同样，现代化的配送中心依赖大量的自动设备与设施，没有电力供应，配送中心的运转能力也会降为0。所以，一旦发生电力中断，整个供应链系统需要重新调节生产计划，从而弥补受损的生产与配送能力，尽量降低由此产生的影响。

电力供应不足用二元指示变量 $z_{l,t}^{sc,i_1}$，$l \in V_D^{i_1}$ 表示，此时变量取值为1，意味着工厂相对应的电力需求节点没有得到电力供应，从而导致工厂的生产能力降为0，如下所示：

$$\sum_{k \in \phi(p)} pro_{p,k,t} \leqslant w_p \ (1 - z_{l,t}^{sc,i_1}),\ \forall p \in V_P^{sc},\ l \in V_D^{i_1},\ (p,\ l) \in DEP\ (sc,\ i_1) \text{ and } t \in T \tag{213}$$

其中 $DEP(sc, i_1)$ 是电力网络与供应链网络两者间存在的关联关系的集合，主要是工厂或者配送中心与相应电力需求节点之间的依赖关系。如果工厂 p 断电，即 $z_{l,t}^{sc,i_1}=1$，那么约束（213）等号右边为0，从而强制工厂的生产能力降为0。如果是配送中心 w 断电，同样的强制约束作用于该中心，无法接受（214）或发送（215）产品：

$$\sum_k \sum_j x_{(j,w),k,t.-tl(j,w)}^{sc} \leqslant q_w \left(1-z_{l,t}^{sc,i_1}\right),\ \forall w \in v_W^{sc},\ l \in V_D^{i_1},\ (w,l) \in DEP(sc, i_1) \text{ and } t \in T \tag{214}$$

$$\sum_k \sum_j x_{(w,j),k,t}^{sc} \leqslant q_w \left(1-z_{l,t}^{sc,i_1}\right),\ \forall w \in v_W^{sc},\ l \in V_D^{i_1},\ (w,l) \in DEP(sc, i_1) \text{ and } t \in T \tag{215}$$

（二）与通信系统的关联关系

对于有些企业，工厂与配送中心的运输需要通信支持，例如，从工厂发货之前要与配送中心协调，主要靠通信服务传递各种指示与信息。如果此时通信中断，工厂没有接收到配送中心的回复，或者配送中心没有接收到工厂的信息，产品就会暂停发出。

OD 对 o 的通信中断，二元指示变量 $z_{o,t}^{sc,i_2}$，$o \in OD^{i2}$ 取值为1，否则取值为0。运输能力对通信服务的依赖如下：

$$\sum_{k \in K} x_{(j,l),k,t}^{sc} \leqslant v_{(j,l)} \left(1-z_{o,t}^{sc,i_2}\right),\ \forall\ (j,l) \in E^{sc},\ o \in OD^{i_2},\ [(j,l), o] \in DEP(sc, i_2) \text{ and } \forall t \in T \tag{216}$$

$DEP(sc, i_2)$ 是供应链与通信系统之间关联关系的集合，主要是工厂 j 到配送中心 l 的运输与两地间通信服务的依赖关系。OD 对 o 为通信网络中这两地的服务需求，如果服务中断，$z_{o,t}^{sc,i_2}=1$，上述约束条件等式右边为0，将强制等式左边也为0，即供应链网络中这两地的边流量为0，工厂与配送中心无法运输产品。

（三）基础设施系统间的关联关系

同时，电力系统与通信系统之间的关联关系也应该考虑。通常通信节点需要电力供应，如果是大型灾难导致断电周期长，通信系统的后备电力无法支持那么久，通信服务会中断，呼叫数据将无法传递。通信对电力的依赖关系可表示如下：

$$\sum_{(j,l)\in E^i} x_{(j,l),t} \leqslant b_m \ (1 - z_{l,t}^{i',i_1}), \ \forall m \in V^{i_2}, \ l \in V_D^{i_1}, \ (m, \ l) \ \in DEP \ (i', \ i_1) \text{ and } t \in T \quad (217)$$

$z_{l,t}^{i_2,i_1}$，$l \in V_D^{i_1}$为二元指示变量，如果电力供应充足其取值为0，否则取值为1。DEP（i'，i_1）是通信系统与电力系统之间关联关系的集合，主要是通信网络终端 m 与相应电力需求节点 l 之间的依赖关系。如果通信终端 m 上的电力供应中断，即 $z_{l,t}^{i_2,i_1} = 1$，上述约束条件等式右边为0，将强制等式左边也为0，即该通信终端无法工作，没有数据信号能通过这个终端。

第三节 供应链与基础设施系统的协调合作

本节设计了一次灾难场景，电力、通信、交通三个系统均不同程度受创，在影响区域有某公司的工厂与配送中心的设备设施也受到影响。为应对这场灾难导致的生产能力与配送能力的损失，公司决策层设计了一些方案：①加大其他地区工厂的生产量，弥补生产能力的损失；②外包部分订单；③调用远程配送中心的产品，满足受影响地区的客户需求。然而，最终方案的选择还需要考虑基础设施系统的恢复情况，从供应链管理的角度，企业的恢复策略依赖于基础设施的运行状态，本节提出的决策思路为在决策过程中明晰地研究这种依赖关系。

电力与通信这两个基础设施系统的灾后恢复过程，需要考虑各方利益相关者的需求，甚至可能是互相冲突的利益诉求，供应链系统也是其中之一。在前期的研究已经针对基础设施系统的恢复，设计了相应的模型与算法提供给决策者多目标决策的有效基准。本节也将讨论供应链系统对决策者最终决策的影响。

供应链恢复问题的决策过程（见图7-1），首先，基础设施系统设计出恢复备选方案（即恢复决策的有效基准的所有成员），然后决定决策变量 y^i 的值，供应链系统在获得这些数据后，作为输入进行供应链恢复模型参与计算，求解供应链的最优方案。在供应链得到一系列最优方案后，可找出最符合其利益的备选方案，反馈给基础设施系统。基于此过程，供应链系统能够把最符合其自身利益的基础设施恢复方案反馈给基础设施系统，帮助他们选择最终方案。所以，这是一个闭环求解过程，能促进供应链与基础设施双方的有效合作。

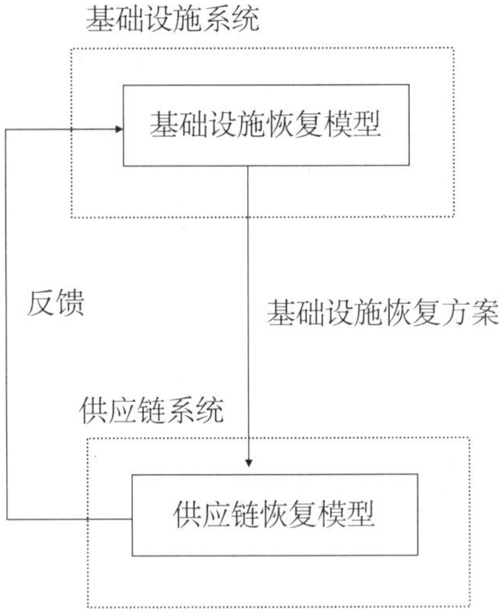

图 7－1 供应链问题的决策过程

一、供应链系统的决策问题

通常供应链系统的决策问题试图寻找在供应、生产、库存、运输一系列环节中的最优方案，评判标准可以是成本、时间、质量、灵活性或者利润。本节讨论中采用的是成本标准，包括未满足客户的需求部分也转化为成本，在一定的资源限制下，伴随着基础设施系统的逐渐恢复，如何以最优方式重新安排供应链上的各环节的资源，从而尽快从灾难打击中恢复正常，这是供应链系统的决策问题。反映此决策问题的决策模型目标如下：

$$
\begin{aligned}
\text{minimize } & \omega^{sc}\Big(\sum_{t\in T}\sum_{(j,l)\in E^{sc}}\sum_{k\in K} c\_flow_{(j,l)}x^{sc}_{(j,l),k,t} + \sum_{t\in T}\sum_{p\in V_P^{sc}}\sum_{k\in K} c\_pro_{p,k}pro_{p,k,t} + \\
& \sum_{t\in T}\sum_{l\in V_W^{sc}\cup V_P^{sc}}\sum_{k\in K} c\_inv_{l,k}inv_{l,k,t} + \sum_{t\in T}\sum_{l\in V_D^{sc}}\sum_{k\in K} c\_sl_k s^{sc}_{l,k,t} + \sum_{p\in V_{P'}^{sc}} c\_out_p y_p^{sc}\Big) + \\
& \sum_{i_1\in I_1}\omega^{i_1}\sum_{t\in T}\Big[\sum_{(j,l)\in E^{i_1}} c\_flow(j,l)\, x^{i_1}_{(j,l),t} + \sum_{j\in V^{i_1}} c\_sl_j s^{i_1}_{j,t}\Big] + \\
& \sum_{i_2\in I_2}\omega^{i_2}\sum_{t\in T}\Big[\sum_{(j,l)\in E^{i_2}} c\_flow(j,l)\, x^{i_2}_{(j,l),t} + \sum_{o\in OD^{i_2}} c\_sl_o s^{i_2}_{o,t}\Big]
\end{aligned}
\quad (218)
$$

上述目标函数的前三项为供应链总成本，包括运输、生产和库存，第四项是由未满足客户需求通过惩罚参数 c_sl 转化成的额外成本。第五项为外包订单产生的额外成本。最后四项为基础设施总成本，包括网络流成本和服务不足转化的惩罚成本。其中，参数 ω 用于在供应链与基础设施之间的权重比较，从供应链决策者的角度，反映基础设施权重的 ω^i 应该远远小于反映供应链系统权重的 ω^{sc}，甚至可以为0，即排他性实现自身利益最大化。决策模型的约束条件如第二节所讨论的，包括供应链网络层和所有相关联的基础设施网络层。完整的决策模型请参见附录1。

二、基础设施系统的决策问题

基础设施系统的恢复方案需要考虑多个利益相关方，在时间与费用上都有一定要求，同时还需要对方案的实施制订计划。本节只是给出此问题的概括描述，具体细节请参看前期工作。基础设施系统的决策问题本质上是一个多目标问题，这也使它与供应链系统的合作成为可能。决策问题的 Pareto 最优解将作为输入参数进入供应链系统的决策模型，供应链基于模型计算结果确定最符合其利益的方案，作为反馈提供给基础设施系统。

第四节 应用案例

本节是对前述模型和算法的应用。以某公司的供应链系统为例，要考虑横跨美国的工厂、配送中心、客户需求区，同时要考虑电网系统（图7－4）和通信系统（图7－5）。本例中的供应链遵循以下规则：

（1）工厂设置：一共有10个工厂，生产产品包括瓶装水、食物、药物、帐篷等400种物资。每个工厂大约可生产其中100种产品，通常每一种产品由两个位于不同区域的工厂生产，这样可以减少同时直接受一个灾难事件影响的风险。

（2）配送中心设置：一共12个配送中心横跨美国，分别位于交通便利的地区。通常情况下，每个配送中心可以服务其周边4～5个州的需求。

（3）需求区设置：需求区基于地理位置而设，通常它们地处城市附近区域，平均每个州设有一个需求区，每个区的需求量与该区的人口成正比。

（4）网络设置：理论上，每个配送中心都可以服务所有的需求区，每个工厂也可以供应所有的配送中心。然而，考虑到运输成本，配送中心只服务于周边的需求区，工厂也只供应周边的配送中心以及需求区（见图7－7）。

（5）规划时间窗：供应链的恢复需要及时、准确的信息。在本例中，恢复规划的时间窗口设为10天，相关数据如需求、容量等都是以天为单位计算。

本例设计了一个发生在美国东部的重大灾难事件，所造成影响如图7－6所示。位于波士顿区域的电信塔被迫关闭，连接波士顿与周边三城市（纽约、水牛城、哈特伏特）的光纤段受损，如图7－6中的虚线所示。同时，图中阴影区域的电力供应中断，工厂 p9 以及配送中心 dc12 位于这个区域，同时配送中心与外部的通信中断，也使得其无法运输或接收产品。此事件导致电力中断，波士顿的对外通信中断，公司不得不关闭工厂 p9 和配送中心 dc12。

本例中我们假设决策者可以获得所有数据包括灾情数据、规划数据，并且这些数据都是确定性数据，不考虑不确定因素。

一、恢复受损基础设施系统

供应链的恢复依赖于受灾地区基础设施系统的恢复，其中，工厂 p9 位于区域 area2，配送中心 dc12 位于区域 area3，这些区域的电力服务需要恢复，同时波士顿与纽约之间的通信服务影响配送中心 dc12 的运输，也需要尽快恢复。对于电网，可以选择修复受损输电线，或者重新架设临时电线从哈特伏特引入电力供应。对于通信网络，受损的三条光纤段需要修复，同时位于波士顿的传输终端需要电力恢复。采用第三节中的方法，通过一个商用计算包 CPLEX，获得了如下三个 Pareto 最优恢复方案：

Case 1（成本优先）：成本包括恢复电力与通信服务的成本以及仍然存在的服务不足所产生的惩罚。修复图 7－8 中高亮显示的输电线，确保区域 area1 的修复工作在第 7 天完成，区域 area2 的修复工作在第 8 天完成，区域 area3 的修复工作在第 12 天完成。修复波士顿到周边三城市的受损光纤段，确保到纽约的光纤段在第 3 天修复，到水牛城的光纤段在第 5 天修复，到哈特伏特的光纤段在第 6 天修复。

Case 2（时间优先）：在已有资源的限制下，尽快使得电力与通信服务的不足减少到最低。修复图 7－8 中高亮显示的输电线，确保区域 area1 的修复工作在第 6 天完成，区域 area2 的修复工作在第 7 天完成，区域 area3 的修复工作在第 7 天完成。修复波士顿到周边三城市的受损光纤段，确保到纽约的光纤段在第 6 天修复，到水牛城的光纤段在第 2 天修复，到哈特伏特的光纤段在第 3 天修复。

Case 3（成本与时间同等）：修复图 7－8 中高亮显示的输电线，确保区域 area1 的修复工作在第 6 天完成，区域 area2 的修复工作在第 8 天完成，区域 area3 的修复工作在第 4 天完成。修复波士顿到周边三城市的受损光纤段，确保到纽约的光纤段在第 5 天修复，到水牛城的光纤段在第 2 天修复，到哈特伏特的光纤段在第 6 天修复。

负责基础设施系统恢复的决策者必须在时间和成本两者之间权衡，如上述方案所示，迅速及时的恢复需要高额的预算支持，当预算不宽松时，不得不牺牲恢复的速度。不同的考量产生不同的恢复方案，都将进入供应链恢复模型作为输入参数。

二、恢复供应链网络

图 7 -7 给出了供应链系统在正常状态下的运作情况。考虑到单幅图无法显示 400 种不同产品在不同时间在整个供应链网络上的分布，图 7 -7 中的网络流只随机选取了一种产品在连续 10 天内的累计情况，所以图中的供应链不是在某一天的状态，而是连续 10 天的累计状态。从图中可以看到，两个工厂，p6 和 p9 都生产这种产品，工厂 p6 主要负责满足西部地区的需求，工厂 p9 则负责东部地区的需求。灾难事件发生后，工厂 p9 与配送中心 dc12 正好位于灾区，因为电力和通信服务中断的影响，不得不关闭。根据基础设施系统决策者的计划，大约需要 10 天时间恢复灾区的基础设施服务，在此期间，所有受影响区域都会面临电力短期的问题。供应链系统则需要一个 10 天左右的恢复计划来安排整个公司在恢复期间的供应、生产、库存、运输。

如果不考虑基础设施系统的影响，独立运行供应链优化模型，可以得到一种方案：在整个 10 天的恢复期间，增加工厂 p6 的生产产量，同时以一定的额外费用将部分订单外包给外部厂家 p11。然而，如前所述，供应链恢复方案的制订不仅仅考虑供应链本身，还需要考虑支撑其运行的基础设施系统。所以，基于来自基础设施系统的三种不同恢复方案，运行我们所设计的供应链恢复模型，可以获得以下三种方案：

Case 1：有限的电力自第 7 天开始供应给区域 area1，第 8 天开始转向供应区域 area2，区域 area3 在整个 10 天的恢复期都没有电力供应。在前面 7 天里，公司将大部分订单外包给外部工厂 p11，同时也加大工厂 p6 的生产，尽量减少损失的客户需求。第 8 天开始，工厂 p9 恢复生产，工厂 p6 则相应地降低其生产到灾前水平。配送中心 dc12 位于区域 area3，在整个恢复期都没有电力供应，所以配送中心 dc12 一直关闭，孤立于整个供应链网络之外。

Case 2：有限的电力自第 6 天开始供应给区域 area1，第 7 天开始转向供应区域 area2，区域 area3 在整个 10 天的恢复期都没有电力供应。在前面 6 天里，公司将大部分订单外包给外部工厂 p11，同时也加大工厂 p6 的生产，尽量减少损失的客户需求。第 7 天开始，工厂 p9 恢复生产，工厂 p6 则相应地降低其生产到灾前水平。配送中心 dc12 位于区域 area3，在整个恢复期都没有电力供应，所以配送中心 dc12 一直关闭，孤立于整个供应链网络之外。

Case 3：有限的电力自第 4 天开始供应给区域 area3，第 8 天开始转向供应区域 area2，区域 area1 在整个 10 天的恢复期都没有电力供应。工厂 p9 自第 8 天起恢复生产，配送中心 dc12 自第 5 天纽约与波士顿的通讯恢复后开始运行，但是到第 8 天因为电力转向供应区域 area2 被迫再次关闭。

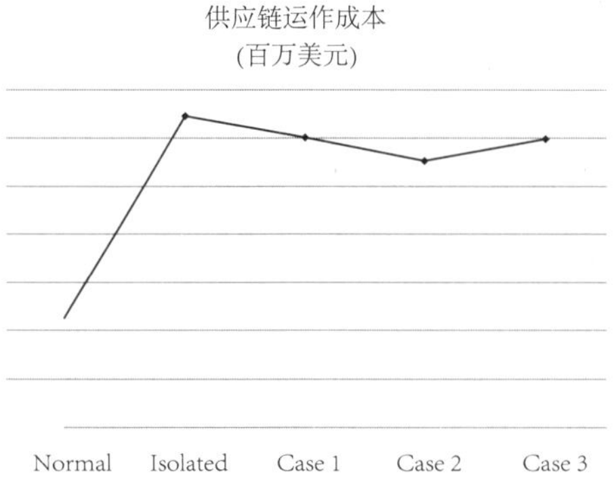

图 7－2　供应链运作成本比较

目前对于供应链恢复的常规规划中并没有考虑基础设施因素，即基础设施系统恢复与供应链恢复作为两个独立的问题分别考虑。图 7－2 和图 7－3 给出了不同方法的计算结果，包括正常状态下供应链运作成本（“Normal”）、突发事件后常规方法恢复供应链所需运作成本（“Isolated”）以及采用本节方法恢复供应链的成本（“Case1”，“Case2”，“Case3”）。其中供应链恢复成本由正常运作成本与突发事件后的运作成本之差求得，如采用常规恢复方法，本例中恢复成本约为 422 万美元（图中标记为“Normal”点与“Isolated”点之差），如采用本节所设计方法会将恢复成本降低约 100 万美元（图中标记为“Normal”点与“Isolated”点之差），接近原有恢复成本的四分之一。本设计方法带来的成本节约可以解释为对供应链运作环境了解越多，所作决策质量会越高，表现之一即为恢复成本的降低。通过本例可看出基础设施因素在供应链恢复中考虑并非无足轻重，工厂越早复工，所需恢复成本越低，Case2 之所以所需恢复成本最少，关键在于在以上三种情况中其工厂复工最早，从而避免过多的外包费用。从基础设施系统恢复的角度，对时间和成本的不同权衡会产生多种恢复方案，决策者从这些 Pareto 最优方案中作出选择需要引入额外的评估因素，供应链恢复即可作为一个这样的因素，从帮助供应链恢复的角度去评判这些 Pareto 方案，本例中 Case2 方案无疑更胜一筹。

本节设计的恢复问题求解过程有助于供应链系统与基础设施系统的合作与协调，两个系统的恢复方案互相影响，供应链可在基础设施系统方案的基础上设计其恢复方案，同时供应链系统可将来自于供应链的反馈作为其最终决策的考虑因素之一。供应链模型引入基础设施系统恢复方案作为部分输入，同时其输出又反馈回去作为基础设施决策模型的参数。总体来看，求解过程为供应链与基础设施两个系统之间的合作提供了基础，通过两者间的信息交流，提高整体系统的决策质量，体现了应急恢复过程中点面综合考虑的价值与意义。

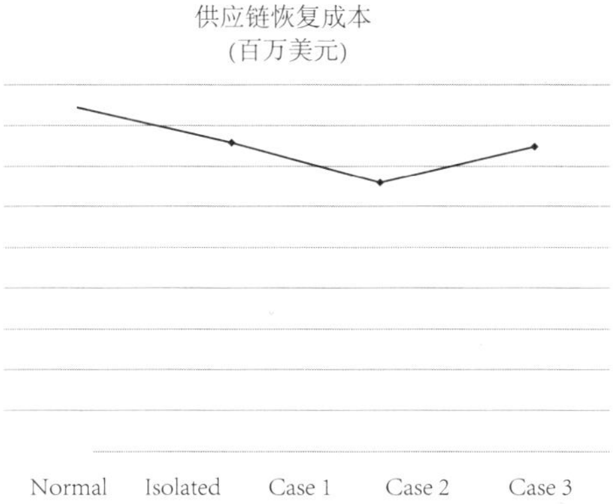

图 7－3 供应连恢复成本

本节设计了供应链应急恢复规划的框架，将基础设施系统纳入此框架中，研究其与供应链系统之间的关系及影响，并运用于供应链恢复规划中，从而帮助制定高效的应急恢复策略，增强系统的应急能力。

图 7－4 电网系统概略图

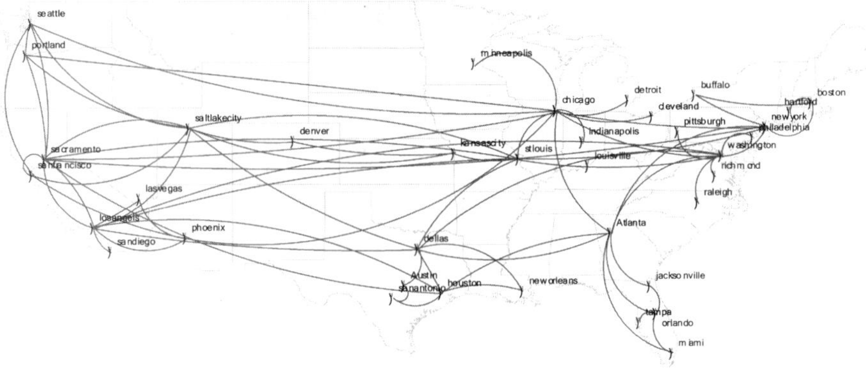

图 7－5 通信系统概略图

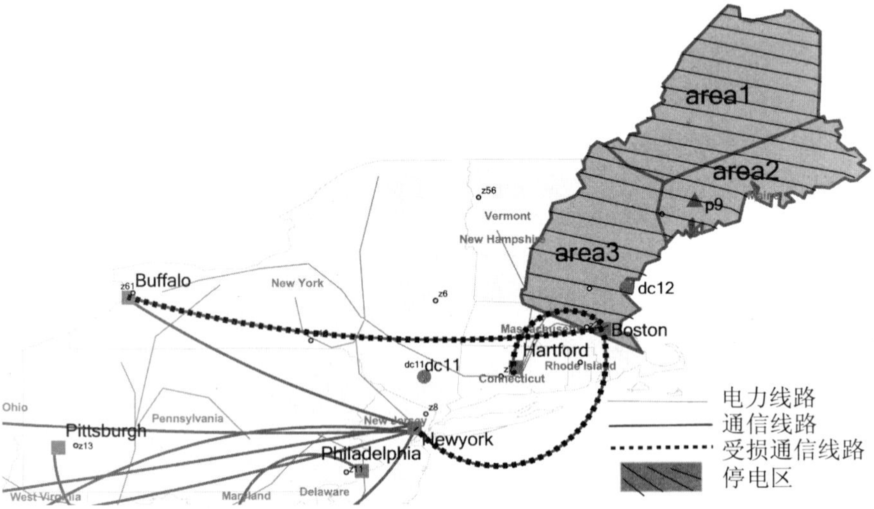

图 7－6 受灾情况

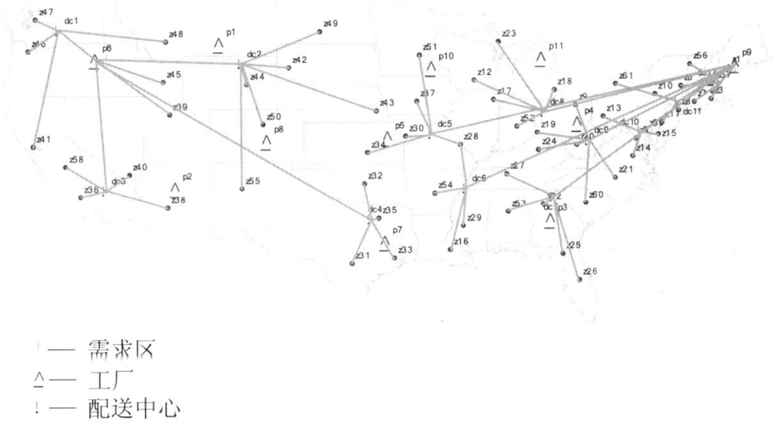

图 7－7　正常状态下的供应链网络

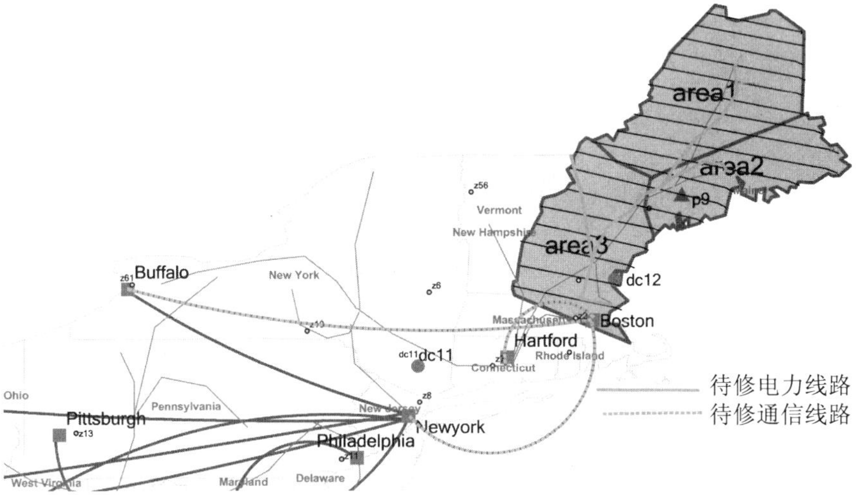

图 7－8　基础设施修复方案

附录1　模型注解

集合

I：系统中所有网络层的集合。

I_1：系统中所有单商品流网络层的集合。

I_2：系统中所有多商品流网络层的集合。

V^i：网络 i 中的所有节点的集合。

E^i：网络 i 中的所有边的集合。

$E^{i'}$：网络 i 在突发事件中受损的所有边的集合。

$\phi(p)$，$p \in V^{sc}$：工厂 p 中所生产产品种类的集合。

$\delta(l)$，$l \in V^{sc}$：工厂（或配送中心）l 所服务的需求区的集合。

$\varphi(i)$，$i \in I$：依赖于网络 i 的所有网络的集合。

OD^{i_2}：多商品流网络层 i_2 中所有的 OD（Origin-Destination）对的集合。

$DEP(i', i)$：网络层 i' 与其支撑网络层 i 之间存在的所有关联关系。

参数

$v_{(j,l)}$，$(j, l) \in E^i$：边 (j, l) 的容量限制。

$c\_flow_{(j,l)}$，$(j, l) \in E^i$：边 (j, l) 上的网络运输成本。

b_j，$j \in V^i$：节点 j 的容量限制。

T：应急恢复的规划时间段。

$d_{j,k,t}$，$j \in V_D^{sc}$：时间 t 内需求区 j 对产品 k 的需求。

w_p，$p \in V_P^{sc}$：工厂 p 的产能限制。

q_l，$l \in V_P^{sc} \cup V_W^{sc}$：工厂（或配送中心）$l$ 的存储容量限制。

$tl(j, l)$，$(j, l) \in E^{sc}$：边 (j, l) 上的运输时间。

$c\_inv_{l,k}$，$l \in V_P^{sc} \cup V_W^{sc}$：工厂（或配送中心）$l$ 存储产品 k 的存储成本。

$c\_pro_{p,k,p} \in V_P^{sc}$：工厂 p 生产产品 k 的生产成本。

$c\_out_{p'}$，$p' \in V_{P'}^{sc}$：外包工厂 p' 的外包成本。

c_sl_k，$k \in K$：未满足需求的惩罚系数。

$m_j^{i_1}$，$j \in V^{i_1}$：单商品网络层 i_1 中节点 j 的需求。

$m_o^{i_2}$，$o \in OD^{i_2}$：多商品网络层 i_2 中 OD 对 o 的需求。

$y^{i}_{(j,l),t}$，$(j,\ l)\ \in E^{i'}$：网络层 i 的受损边（j，l）在时间 t 内是否维修。

ω^{i}，$i \in I$：决策权重系数。

变量

$x^{sc}_{(j,l),k,t}$，$(j,\ l)\ \in E^{sc}$：在时间 t 内，产品 k 在边（j，l）上的运输量。

$y^{sc}_{p',t}$，$p' \in V^{sc}_{P'}$：是否将生产外包给外包工厂 p' 的决策。

$pro_{p,k,t}$，$p \in V^{sc}$：在时间 t 内，工厂 p 生产产品 k 的产量。

$inv_{l,k,t}$，$l \in V^{sc}$：在时间 t 内，工厂（或配送中心）l 存储产品 k 的存储量。

$s^{sc}_{j,k,t}$，$j \in V^{sc}$：产品 k 在需求区 j 上的短缺量。

$x^{i}_{(j,l),t}$，$(j,\ l)\ \in E^{i}$：基础设施网络 i 中边（j，l）上的流量。

$z^{i',i_1}_{l,t}$，$l \in V^{i_1}$：单商品网络 i_1 中节点 l 的需求是否满足。

$z^{i',i_2}_{o,t}$，$o \in OD^{i_2}$：多商品网络 i_2 中 OD 对 o 的需求是否满足。

$s^{i_1}_{j,t}$，$j \in V^{i_1}$：单商品网络层 i_1 中节点 j 上未满足的需求量，限制为非负数，即不容许超量供应。

$s^{i_2}_{o,t}$，$o \in OD^{i_2}$：多商品网络层 i_2 中 OD 对 o 上未满足的需求量，限制为非负数。

$f^{i_2}_{o,n,t}$，$o \in OD^{i_2}$，$n \in N$：多商品网络层 i_2 中，连接 OD 对 o 的第 n 条路径上的流量。

附录2　供应链系统恢复的决策模型

$$\text{minimize } \omega^{sc}\left(\sum_{t\in T}\sum_{(j,l)\in E^{sc}}\sum_{k\in K}c\_flow_{(j,l)}x^{sc}_{(j,l),k,t}+\sum_{t\in T}\sum_{p\in V^{sc}_{P}}\sum_{k\in K}c\_pro_{p,k}pro_{p,k,t}+\right.$$

$$\left.\sum_{t\in T}\sum_{l\in V^{sc}_{W}\cup V^{sc}_{P}}\sum_{k\in K}c\_inv_{l,k}inv_{l,k,t}+\sum_{t\in T}\sum_{l\in V^{sc}_{D}}\sum_{k\in K}c\_sl_{k}s^{sc}_{l,k,t}+\sum_{p\in V^{sc}_{P'}}c\_out_{p}y^{sc}_{p}\right)+$$

$$\sum_{i_1\in I_1}\omega^{i_1}\sum_{t\in T}\left[\sum_{(j,l)\in E^{i_1}}c\_flow(j,l)\,x^{i_1}_{(j,l),t}+\sum_{j\in V^{i_1}}c\_sl_{j}s^{i_1}_{j,t}\right]+$$

$$\sum_{i_2\in I_2}\omega^{i_2}\sum_{t\in T}\left[\sum_{(j,l)\in E^{i_2}}c\_flow(j,l)\,x^{i_2}_{(j,l),t}+\sum_{o\in OD^{i_2}}c\_sl_{o}s^{i_2}_{o,t}\right] \tag{219}$$

$$pro_{p,k,t}+inv_{p,k,t-1}=\sum_{l\in V^{sc}_{W}\cup V^{sc}_{D}}x^{sc}_{(p,l),k,t}+inv_{p,k,t},\quad \forall p\in V^{sc}_{P},\ \forall k\in\phi(p)\text{ and }t\in T \tag{220}$$

$$\sum_{p\in V^{sc}_{P}}x^{sc}_{(p,w),k,t-tl(p,w)}+inv_{w,k,t-1}=\sum_{l\in V^{sc}_{D}}x^{sc}_{(w,l),k,t}+inv_{w,k,t},\quad \forall w\in V^{sc}_{W},\ k\in K\text{ and }t\in T \tag{221}$$

$$\sum_{w\in\delta(l)}x^{sc}_{(w,l),k,t-tl(w,l)}+\sum_{p\in\delta(l)}x^{sc}_{(p,l),k,t-tl(p,l)}+s^{sc}_{l,k,t}=d_{l,k,t},\quad \forall l\in V^{sc}_{D},\ \forall k\in K\text{ and }t\in T \tag{222}$$

$$\sum_{k\in K}x^{sc}_{(j,l),k,t}\leqslant v_{(j,l)},\quad \forall (j,l)\in E^{sc}\text{ and }t\in T \tag{223}$$

$$\sum_{k\in\phi(p)}pro_{p,k,t}\leqslant w_{p},\quad \forall p\in V^{sc}_{P}\text{ and }t\in T \tag{224}$$

$$\sum_{k\in\phi(p)}pro_{p,k,t}\leqslant w_{p}\times y^{sc}_{p,t},\quad \forall p\in V^{sc}_{P'}\text{ and }t\in T \tag{225}$$

$$\sum_{k\in K}inv_{l,k,t}\leqslant q_{l},\quad \forall l\in V^{sc}_{P}\cup V^{sc}_{W}\text{ and }t\in T \tag{226}$$

$$\sum_{l\in V^{sc}_{W}\cup V^{sc}_{D}}x^{sc}_{(p,l),k,t}=0,\quad \forall p\in V^{sc}_{P},\ k\in K\setminus\phi(p),\text{ and }t\in T \tag{227}$$

$$\sum_{(j,l)\in E^{i_1}}x^{i_1}_{(j,l),t}\leqslant b_{j},\quad \forall j\in V^{i_1}_{S}\text{ and }t\in T \tag{228}$$

$$\sum_{(l,j)\in E^{p^r}}x^{i_1}_{(l,j),t}+s^{i_1}_{j,t}=m^{i_1}_{j},\quad \forall j\in V^{i_1}_{D}\text{ and }t\in T \tag{229}$$

$$s^{i_1}_{j,t}\leqslant m^{i_1}_{j}\times z^{i,i_1}_{j,t},\quad \forall j\in V^{i_1}_{D},\ i\in\varphi(i_1),\ t\in T \tag{230}$$

$$\sum_{(i,j)\in E^{i_1}}x^{i_1}_{(i,j),t}-\sum_{(j,l)\in E^{i_1}}x^{i_1}_{(j,l),t}=0,\quad \forall j\in V^{i_1}_{T}\text{ and }t\in T \tag{231}$$

$$x^{i_1}_{(j,l),t}\leqslant v_{(j,l)}\times y^{i_1}_{(j,l),t},\quad \forall (j,l)\in E^{i'_1}\text{ and }t\in T \tag{232}$$

$$x^{i_1}_{(j,l),t}\leqslant v_{(j,l)},\quad \forall (j,l)\in E^{i_1}\setminus E^{i'_1}\text{ and }t\in T \tag{233}$$

$$\sum_{n\in 1\ldots N(o,n)}\sum_{contains(j,l)}f^{i_2}_{o,n,t}=x^{i_2}_{(j,l),t},\quad \forall (j,l)\in E^{i_2}\text{ and }t\in T \tag{234}$$

$$\sum_{n \in 1...N} f_{o,n,t}^{i_2} + s_{o,t}^{i_2} = m_o^{i_2}, \quad \forall o \in OD^{i_2} \text{ and } t \in T \tag{235}$$

$$s_{o,t}^{i_2} \leqslant m_o^{i_2} \times z_{o,t}^{i,i_2}, \quad \forall o \in OD^{i_2}, \ i \in \varphi(i_2) \text{ and } t \in T \tag{236}$$

$$\sum_{(l,j) \in E^{i_2}} x_{(l,j),t}^{i_2} \leqslant b_j, \quad \forall j \in V^{i_2} \text{ and } t \in T \tag{237}$$

$$x_{(j,l),t}^{i_2} \leqslant v_{(j,l)} \times y_{(j,l),t}^{i_2}, \quad \forall (j, l) \in E^{i_2'} \text{ and } t \in T \tag{238}$$

$$x_{(j,l),t}^{i_2} \leqslant v_{(j,l)}, \quad \forall (j, l) \in E^{i_2} \setminus E^{i_2'} \text{ and } t \in T \tag{239}$$

$$\sum_{k \in \phi(p)} pro_{p,k,t} \leqslant w_p \ (1 - z_{l,t}^{sc,i_1}), \quad \forall p \in V_P^{sc}, \ l \in V_D^{i_1}, \ (p, j) \in DEP(sc, i_1) \text{ and } t \in T \tag{240}$$

$$\sum_{k} \sum_{j} x_{(j,w),k,t-tl(j,w)}^{sc} \leqslant q_w \ (1 - z_{l,t}^{sc,i_1}), \quad \forall w \in v_W^{sc}, \ l \in V_D^{i_1}, \ (w, l) \in DEP(sc, i_1) \text{ and } t \in T \tag{241}$$

$$\sum_{k} \sum_{j} x_{(w,j),k,t}^{sc} \leqslant q_w \ (1 - z_{l,t}^{sc,i_1}), \quad \forall w \in v_W^{sc}, \ l \in V_D^{i_1}, \ (w, l) \in DEP(sc, i_1) \text{ and } t \in T \tag{242}$$

$$\sum_{k \in K} x_{(j,l),k,t}^{sc} \leqslant v_{(j,l)} \ (1 - z_{o,t}^{sc,i_2}), \quad \forall (j, l) \in E^{sc}, \ o \in OD^{i_2}, \ [(j, l), o] \in DEP(sc, i_2) \text{ and } \forall t \in T \tag{243}$$

$$\sum_{(j,l) \in E^{i}} x_{(j,l),t} \leqslant b_m \ (1 - z_{l,t}^{i',i_1}), \quad \forall m \in V^{i_2}, \ l \in V_D^{i_1}, \ (m, l) \in DEP(i', i_1) \text{ and } t \in T \tag{244}$$

参考文献

1. 刘霞，严晓，刘世宏. 非常规突发事件的性质和特征探析 [J]. 北京航空航天大学学报（社会科学版），2011（3）.

2. 华国伟，余乐安，汪寿阳. 非常规突发事件特征刻画与应急决策研究 [J]. 电子科技大学学报（社会科学版），2011（2）.

3. 李鹏，易立新，王晓荣，葛灵灵. 重要基础设施的依赖性模型及应用 [J]. 中国安全科学学报，2010（2）.

4. 梁志杰，韩文佳. 应急救灾物资储备制度的创新研究 [J]. 管理世界，2010（6）.

5. 刘晓，张隆飚. 关键基础设施及其安全管理 [J]. 管理科学学报，2009（6）.

6. 张明智，曹强，罗批，李志强. 国家关键基础设施模型总体设计与实现 [J]. 计算机应用，2009（6）.

7. 韩传峰，王忠礼，王增光. 区域基础设施系统的复杂性和长效性 [J]. 复杂系统与复杂科学，2009（1）.

8. 李志强，胡晓峰，司光亚，宋勇. 国家关键基础设施网络综合仿真模型设计 [J]. 计算机仿真，2009（1）.

9. 冉岚. 从汶川地震看国家物资储备建设 [J]. 宏观经济管理，2008（9）.

10. 王振，刘茂. 人群聚集过程的定量分析和计算机模拟 [J]. 青岛大学学报（自然科学版），2006（2）.

11. 姚杰. 突发事件应急管理中的动态博弈分析 [J]. 管理评论. 2005（3）.

12. 李元佳. 贝叶斯决策理论在核事故中、晚期应急决策优化中的应用 [J]. 暨南大学学报（自然科学版），2003（1）.

13. 池宏，计雷，湛爱群. 由突发事件引发的“动态博弈网络技术”的探讨 [J]. 项目管理技术，2003（1）.

14. 民政部减灾委办公室. 我国自然灾害基本情况 [OL]. http：//www.mca. gov. cn/article/zrzh/201203/index. htm. 2012 -05 -04.

15. 中国应急管理研究网. 试论常规与非常规突发事件之不同 [OL]. http：//emr. casi pm. ac. cn/InfoBulletinRead. asp? BID =1964. 2011 -02 -22.

16. 中华人民共和国中央人民政府. 中华人民共和国突发事件应对法 [OL].

http: //www. gov. cn/flfg/2007 -08/30/content_ 732593. htm. 2007 -08 -30.

17. Alexander, D. *Natural Disasters* [M]. New York: Chapman and Hall, 1993.

18. A. Mahmoud. Multiple Objective (Fuzzy) Dynamic Programming Problems: A Survey and Some Applications [J]. *Applied Mathematics and Computation*, 2004 (10).

19. Bates, F. L. and Pelanda, C. An Ecological Approach to Disasters [A]. In R. R. Dynes and K. J. Tierney (eds.). *Disasters, Collective Behavior and Social Organization* [M] Newark DE: University of Delaware Press, 1994.

20. Benders J. F. Partitioning Procedures for Solving Mixed-variables Programming Problems [J]. *Numerische Mathematick*, 1962, (4).

21. Bolin, R. C. and Bolton, P. Race. *Religion and Ethnicity in Disaster Recovery* [M]. Boulder CO: University of Colorado Institute of Behavioral Science, 1986.

22. Bolin, R. C. *Household and Community Recovery after Earthquakes* [M]. Boulder CO: University of Colorado Institute of Behavioral Science, 1993.

23. B. Tomlin. On the Value of Mitigation and Contingency Strategies for Managing Supply Chain Disruption Risks [J]. *Management Science*, 2006, 52 (5).

24. C. Harland, R. Brenchley and H. Walker. Risk in Supply Networks [J]. *Journal of Purchasing and Supply Management*, 2003 (9).

25. C. Laval, M. Feyhl, S. Kakouros. Hewlett – Packard Combined OR and Expert Knowledge to Design Its Supply Chains [J]. *Interfaces*, 2005, 35 (3).

26. Coleman, J. S. *Introduction to Mathematical Sociology* [M]. New York: Free Press, 1964.

27. C. W. Craighead, J. Blackhurst, M. J. Rungtusanatham, et al. . The Severity of Supply Chain Disruptions: Design Characteristics and Mitigation Capabilities [J]. *Decision Sciences*, 2007, 38 (1).

28. D. Elkins, R. B. Handfield, J. Blackhurst, et al. . 18 Ways to Guard against Disruption [J]. *Supply Chain Management Review*, 2005, 9 (1).

29. Department of Homeland Security. *National Infrastructure Protection Plan* [R]. 2006.

30. Drabek, T. E. Managing the Emergency Response [J]. *Public Administration Review*, 1985 (45).

31. E. E. Lee. *Assessing Vulnerability and Managing Disruptions to Interdependent*

Infrastructure Systems: A Network Flows Approach [C]. New York: Rensselaer Polytechnic Institute, 2006.

32. E. E. Lee, J. E. Mitchell, W. A. Wallace. Rstoration of Services in Interdependent Infrastructure Systems: A Network Flows Approach [J]. *IEEE Transactions on Systems, Man and Cybemetics, Part C: Applications and Reviews*, 2007, 37 (6).

33. Elvin Coban and J. N. Hooker. Single Facility Scheduling over Long Time Horizons by Logic-based Benders Decomposition [J]. *Annals of Operations Research*, 2011 (11).

34. G. A. Klein. A Recognition – Primed Decision (RPD) Model of Rapid Decision Making [J]. *Decision Making In Action: Models and Methods*, 1993 (10).

35. G. Brown, J. Keegan, B. Vigus, et al. . The Kellogg Company Optimizes Production, Inventory and Distribution [J]. *Interfaces*, 2001, 31 (6).

36. Geoffrion A. M. Generalized Benders Decompostion [J]. *Journal of Optimization Theory and Application*, 1972 (10).

37. G. I. Mould. Assessing Systems for Offshore Emergency Evacuation [J]. *Journal of the Operational Research Society*, 2001 (52).

38. Gursesli O. and Desrochers A. A. Modeling Infrastructure Interdependencies Using Petri-nets [J]. 2003 *IEEE International Conference on Systems, Man and Cybernetics*, 2003 (2).

39. Haimes Y. Y. and Jiang P. Leontief-based Model of Risk in Complex Interconnected Infrastructures [J]. *Journal of Infrastructure Systems*, 2001 (7).

40. Harjunkoski I. and Grossmann I. E. Decomposition Techniques for Multistage Scheduling Problems Using Mixedinteger and Constraint Programming Methods [J]. *Computers and Chemical Engineering*, 2002 (26).

41. H. D. Sherali and S. Subramanian. Opportunity Cost Based Models for Traffic Incident Response Problem [J]. *Journal of Transportation Engineering*, 1999, 125 (3).

42. Heipcke S. Comparing Constraint Programming and Mathematical Programming Approaches to Discrete Optimization——the Change Problem [J]. *Journal of Operational Research Society*, 1999 (50).

43. Hentenryck P. V. , Perron L. , Puget J. F. Search and Strategies in OPL [J]. *ACM Transactions on Computational Logic*, 2000 (1).

44. Hooker J. N. A Hybrid Method for Planning and Scheduling [J].

Constraints, 2005 (10).

45. Hooker J. N. A Search - infer - and - relax Framework for Integration Solution Methods [J]. *Integration of AI and OR Techniques in Constraint Programming for Combinatorial Optimization Problems (CPAIOR), LNCS*, 2005, 3524.

46. Hooker J. N. Integrated Methods for Optimization [J]. *Springer*, 2007.

47. Hooker J. N. *Logic-based Methods for Optimization: Combining Optimization and Constraint Satisfaction* [M]. New York: John Wiley, 2000.

48. Hooker J. N. Logic, Optimization and Constraint Programming [J]. *Informs Journal on Computing*, 2002 (14).

49. Hooker J. N. Planning and Scheduling by Logic-based Benders Decomposition [J]. *Operations Research*, 2007, 55 (3).

50. H. Peck. Drivers of Supply Chain Vulnerability: An Integrated Framework [J]. *International Journal of Physical Distribution & Logistics Management*, 2005, 25 (4).

51. http://en.wikipedia.org/wiki/2003 North America blackout, 2008-04-10.

52. http://www.cioinsight.com/article2/01540186275600.asp, 2008-04-10.

53. http://www.walmartstores.com, 2012-05-05.

54. H. Yu, A. Z. Zeng, L. Zhao. Single or Dual Sourcing: Decision-making in the Presence of Supply Chain Disruption Risks [J]. *Omega*, 2009, 37 (4).

55. Jain V. , Grossmann I. E. Algorithms for Hybrid MILP/CP Models for A Class of Optimization Problems [J]. *Informs Journal on Computing*, 2001 (13).

56. J. B. Rice and F. Caniato. Building A Secure and Resilient Supply Network [J]. *Supply Chain Management Review*, 2003, 7 (5).

57. J. Cosgrave. Decision Making in Emergencies [J]. *Disaster Prevention and Management*, 1996, 5 (4).

58. J. D. Camm, T. E. Chorman, F. A. Dill, et al. . Blending OR/MS, Judgement and GIS: Restructuring P&G's Supply Chain [J]. *Interfaces*, 1997, 27 (1).

59. J. Gong, E. E. Lee, J. E. Mitchell, et al. . Logic-based Multi-Objective Optimization for Restoration Planning [A]. In W. Chaovalitwongse. K. C. Furman and P. M. Pardalos (Eds.). *Optimization and Logistics Challenges in the Enterprise* [M]. New York: Springer, 2009.

60. K. Ambs, S. Cwilich, M. Deng, et al. . Optimizing Restoration Capacity in the AT&T Network [J]. *Interfaces*, 2000, 30 (1).

61. Kates R. W. Major Insights: A Summary and Recommendations [A]. In J. E. Haas, R. W. Kates and M. J. Bowden (eds.). *Reconstruction Following Disaster*

[M]. Cambridge, MA: MIT Press, 1977.

62. Kim H. J. , Hooker J. N. Solving Fixed-charge Network Flow Problems with A Hybrid Optimization and Constraint Programming Approach [J]. *Annals of Operations Research*, 2002 (115).

63. K. Moinzadeh and P. Aggarwal. Analysis of A Production / Inventory System Subject to Random Disruptions [J]. *Management Sciences*, 1997, 44 (11).

64. L. Jenkins. Scenarios for Environmental Disaster Planning [J]. *European Journal of Operational Research*, 2000, 121 (2).

65. L. Troyer, J. Smith, S. Marshall, et al. . Improving Asset Management and Order Fulfillment at Deere & Company's C&CE Division [J]. *Interfaces*, 2005, 35 (1).

66. Lustig I. J. and Puget J. F. Program Does Not Equal Program: Constraint Programming and Its Relationship to Mathematical Programming [J]. *Interfaces*, 2001 (31).

67. L. V. Snyder, M. P. Scaparra, M. S. Daskin, et al. . Planning for Disruptions in Supply Chain Networks [J]. *Tutorials in Operations Research*, 2006 (9).

68. L. V. Snyder, Z. Atan, P. Peng, et al. . *OR/MS Models for Supply Chain Disruptions: A Review.* [R] Industrial and Systems Engineering, Lehigh University, September 2010.

69. Maravelias C. T. and Grossmann I. E. A Hybrid MILP/CP Decomposition Approach for the Continuous Time Scheduling of Multipurpose Batch Plants [J]. *Computers and Chemical Engineering*, 2004 (28).

70. M. Ball and F. Lin. A Reliability Model Applied to Emergency Service Vehicle Location [J]. *Operations Research*, 1993 (41).

71. M. Bruneau, S. E. Chang, R. T. Eguchi, et al. . A Framework to Quantitatively Assess and Enhance the Seismic Resilience of Communities [J]. *Earthquake Spectra*, 2003 (19).

72. M. Chang, Y. Tseng, J. Chen. A Scenario Planning Approach for the Flood Emergency Logistics Preparation Problem under Uncertainty [J]. *Transportation Research*, *Part E*, 2007 (43).

73. M. C. Georgiadis, P. T. , P. Longinidis, et al. . Optimal Design of Supply Chain Networks under Uncertain Transient Demand Variations [J]. *Omega*, 2011, 39 (3).

74. Nagurney A. and Cruz J. Dynamics of International Financial Networks with

Risk Management [J]. *Quantitative Efiance*, 2004 (4).

75. Nagurney A. On the Relationship Between Supply Chain and Transportation Network Equilibria: A Supernetwork Equivalence with Computations [J]. *Transportation Research*, *Part E*, 2006, 42 (4).

76. Nagurney A. Supernetworks [A]. *Invited Chapter for the Handbook of Optimization in Telecommunications* [M]. P. M. Pardalos and M. G. C. Resende, Editors, Springer - Verlag, 2005.

77. N. Pauwels. The Implication of Irreversibility in Emergency Response Decisions [J]. *Theory and Decision*, 2000 (8)

78. N. Zarboutis. Searching Efficient Plans for Emergency Rescue through Simulation: the Case of a Metro Fire [J]. *Cognition*, *Technology and Work*, 2004 (6).

79. P. Beraldi, M. E. Bruni, D. Conforti. Designing Robust Emergency Medical Service Via Stochastic Programming [J]. *European Journal of Operational Research*, 2004 (158).

80. Peacock, W. G. and Ragsdale, A. K. Social Systems, Ecological Networks and Disasters: Toward A Sociopolitical Ecology of Disasters [A]. In W. G. Peacock, B. H. Morrow and H. Gladwin. *Hurricane Andrew*: *Ethnicity*, *Gender and the Sociology of Disaster* [M]. London: Routledge, 1997.

81. Pinedo M. Scheduling: Theory, Algorithms and Systems [M]. New Jersey Prentice Hall, Upper Saddle River, 2002.

82. P. R. Kleindorfer and G. H. Saad, Managing Disruption Risks in Supply Chains [J]. *Production and Operations Management*, 2005, 14 (1).

83. P. R. Sinha, L. E. Whitman and D. Malzahn. Methodology to Mitigate Supplier Risk in An Aerospace Supply Chain [J]. *Supply Chain Management*, 2004, 9 (2).

84. P. Serafini. Dynamic Programming and Minimum Risk Paths [J]. *European Journal of Operational Research*, 2006 (175).

85. Quarantelli, E. L. *Sheltering and Housing after Major Community Disasters* [M]. Columbus OH: Ohio State University Disaster Research Center, 1982.

86. R. Beach, A. P. Muhlemann, D. H. R. Price, et al. . A Review of Manufacturing Flexibility [J]. *European Journal of Operational Research*, 2000 (122).

87. Rinaldi S. M. , Peerenboom J. P. and Kelly T. K. Identifying, Understanding and Analyzing Critical Infrastructure Interdependencies [J]. *IEEE Control Systems Magazine*, 2001 (21).

88. Rodesek R. , Wallace, M. G. , Hajian M. T. A New Approach to Integrating Mixed Integer Programming and Constraint Logic Programming [J]. *Annals of Operational Research*, 1999 (86).

89. R. Shamsur and D. K. Smith. Use of Location Allocation Models in Health Service Development Planning in Developing Nations [J]. *European Journal of Operational Research*, 2000, 123 (3).

90. Rubin, C. B. Recovery from Disaster [A]. In T. E. Drabek and G. J. Hoetmer (eds.) *Emergency Management: Principles and Practice for Local Government* [M]. Washington D. C. : International City Management Association, 1991.

91. Sarewitz, Daniel and Roger A. Pielke – Jr. Extreme Events: A Research and Policy Framework for Disasters in Context [J]. *International Geology Review*, 2001 (43).

92. S. Chopra and M. Sodhi. Managing Risk to Avoid Supply-chain Breakdown [J]. *MIT Sloan Management Review*, 2004, 46 (1).

93. S. Chopra and P. Meindl. *Supply Chain Management (3rd Edition)* [M]. New Jersey: Prentice Hall, Upper Saddle River, 2007.

94. Schwab, J. , Topping, K. C. , Eadie, C. C. , Deyle, R. E. and Smith, R. A. *Planning for Post – disaster Recovery and Reconstruction*, *PAS Report* 483/484 [M]. Chicago IL: American Planning Association, 1998.

95. S. Jain. A framework for Modeling and Simulation for Emergency Response [J]. Proceedings of the 2003 Winter Simulation Conference, 2003.

96. Sullivan, M. Integrated Emergency Management: A New Way of Looking at A Delicate Process [J]. *Australian Journal of Emergency Management*, 2003 (18).

97. Tierney, K. , Lindell, M. K. and Perry, R. W. *Facing the Unexpected: Disaster Preparedness and Response in the United States* [M]. Washington DC: Joseph Henry Press, 2001.

98. V. Gupta, E. Peters, T. Miller, et al. . Implementing A Distribution-network Decision-support System at Pfizer/Warner – Lambert [J]. *Interfaces*, 2002, 32 (4).

99. Kenney School of Government Case Program. *Wal – Mart's Response to Hurricane Katrina: Striving for A Public – Private Partnership* [R], Harvard University, 1876 –07 –16.

100. W. C. Jordan and S. C. Graves. Principles on the Benefits of Manufacturing Process Flexibility [J]. *Management Science*, 1995, 41 (4).

101. W. K. Graber. Real Time Modeling as An Emergency Decision Support System for Accidental Release of Air Pollutants [J]. *Mathematics and Computer in Simulation*, 2000 (52).

102. Y. Sheffi. *The Resilient Enterprise* [M]. Cambridge, MA : The MIT Press, 2005.

103. Zhang P. , Peeta S. and Friesz T. Dynamic Game Theoretic Model of Multi – Layer Infrastructure Networks [J]. *Networks and Spatial Economics*, 2005 (5).

104. Zhang, Y. , Lindell, M. K. and Prater, C. S. *Modeling and Managing the Vulnerability of Community Businesses to Environmental Disasters* [M]. College Station, TX: Texas AM University Hazard Reduction and Recovery Center, 2004.